艺术设计 名家特色 精品课程

（新一版）

包装设计教程

陈青 编著

上海人民美術出版社

图书在版编目（CIP）数据

包装设计教程（新一版）/陈青 著 —上海：上海人民美术出版社，2014.1
艺术设计名家特色精品课程
ISBN 978-7-5322-8353-8

Ⅰ.①包… Ⅱ.①陈… Ⅲ.①包装设计—教材
Ⅳ.①TB482

中国版本图书馆CIP数据核字(2013)第043127号

艺术设计名家特色精品课程
包装设计教程（新一版）
著　　者：陈　青
封面设计：陈　青
责任编辑：姚宏翔
统　　筹：丁　雯
特约编辑：孙　铭
技术编辑：季　卫
出版发行：上海人民美術出版社
（地址：上海长乐路672弄33号　邮编：200040）
印　　刷：上海丽佳制版印刷有限公司
开　　本：889×1194　1/24
印　　张：6
版　　次：2014年1月第1版
印　　次：2014年1月第1次
书　　号：ISBN 978-7-5322-8353-8
定　　价：38.00元

目录

内容简介

本教程从揭示包装设计的本质出发，首先阐明包装设计应因循的艺术及技术原则。在此基础上，概括地介绍包装设计的基本流程、创作思路和操作方法，非常重视包装设计的商业性、科学性、艺术性特点，对于各种包装设计的技巧性进行了适度挖掘。同时，将基本概念进行清晰解读，将理论与实际紧密结合，通过大量的参考实例，生动形象地进行教学引导，希望学生能够借此教程掌握包装设计的一般规律和简单方法，通过适当的引导性训练，初涉包装设计实战，培养和建立包装设计的基本意识和观念。本教程从包装的造型、材质、平面附着等不同角度阐释包装设计应关注的知识点，并提供学习包装设计的途径和方法，同时不急于促成对包装设计的高层次能力培养，希望借此激发学生思维的广角性，了解方法的多样性，在未来的创作中能够将所学、所见自然地转化到实践中。

本教程适用于本科及大专院校的视觉传达艺术设计专业包装设计课程的教学。

作者简介

陈青，现任上海大学美术学院美术设计系教授，博士生导师。曾任教于西安美术学院设计系。多年来倾心教学、热情实践，著述和创作颇丰，在设计理论及设计实践中均获得了突出成绩。其专业著作《VI设计模板》曾连续三年在中国设计类图书排行榜中位列榜首，《计算机平面设计技术》一书获得教育部国家级“十一五”规划教材的精品教材奖。至今，已出版二十多部著作；发表十多篇论文；为企业所做VI、标志、海报、书籍装帧、网页等专业设计作品一百多件，均有不俗的反响和成绩。

引子

一、知识结构分析

1. 包装设计课程的地位

从图0-1所示的情况看，在平面设计教学体系中，包装设计课程是一门专业课程，处于教学流程中的下游，是在大量的、系统化的基础课程之上的课程。因此，学习包装设计，必须要事先掌握一定的专业基础知识，培养起一定的专业素养之后，才能够具备对于包装设计的理解力、创造力和制作能力，进而能够顺利地完成该课程的学习。

2. 本教程结构特点

本教程从揭示包装设计的本质出发，首先阐明包装设计应因循的艺术及技术原则。在此基础上，概括地介绍包装设计的基本流程、创作思路和操作方法，非常重视包装设计的商业性、科学性、艺术性特点，对于各种技巧性进行了适度挖掘。同时，将基本概念进行清晰解读，将理论与实际紧密结合，通过大量的参考实例，生动形象地进行教学引导，希望学生能够借此教程掌握包装设计的一般规律和简单方法，通过适当的引导性训练，初涉包装设计实战，培养和建立包装设计的基本意识和观念。

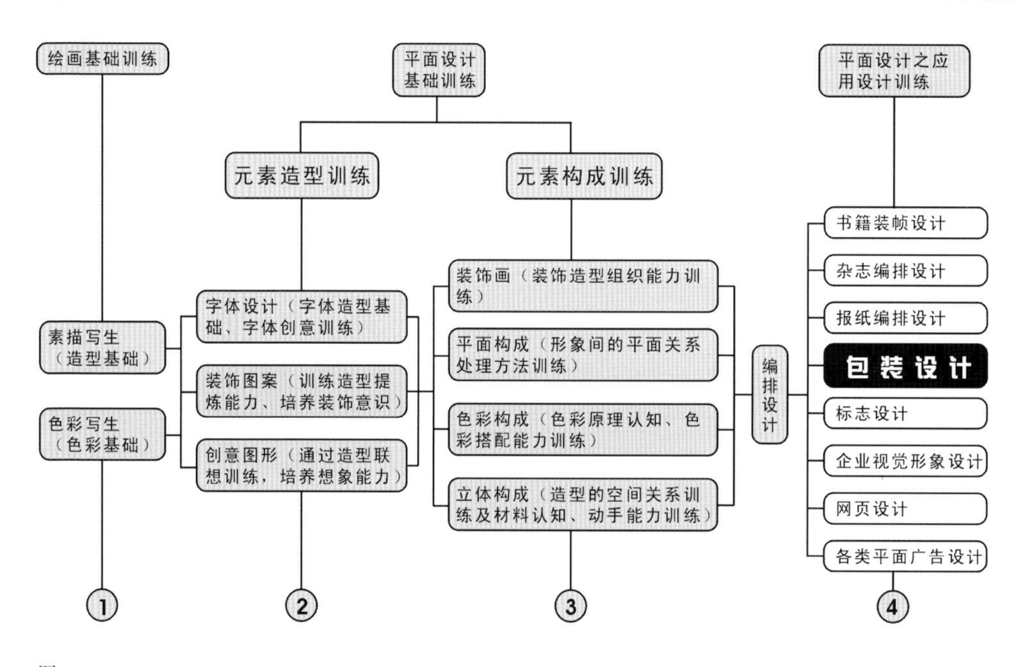

图0-1

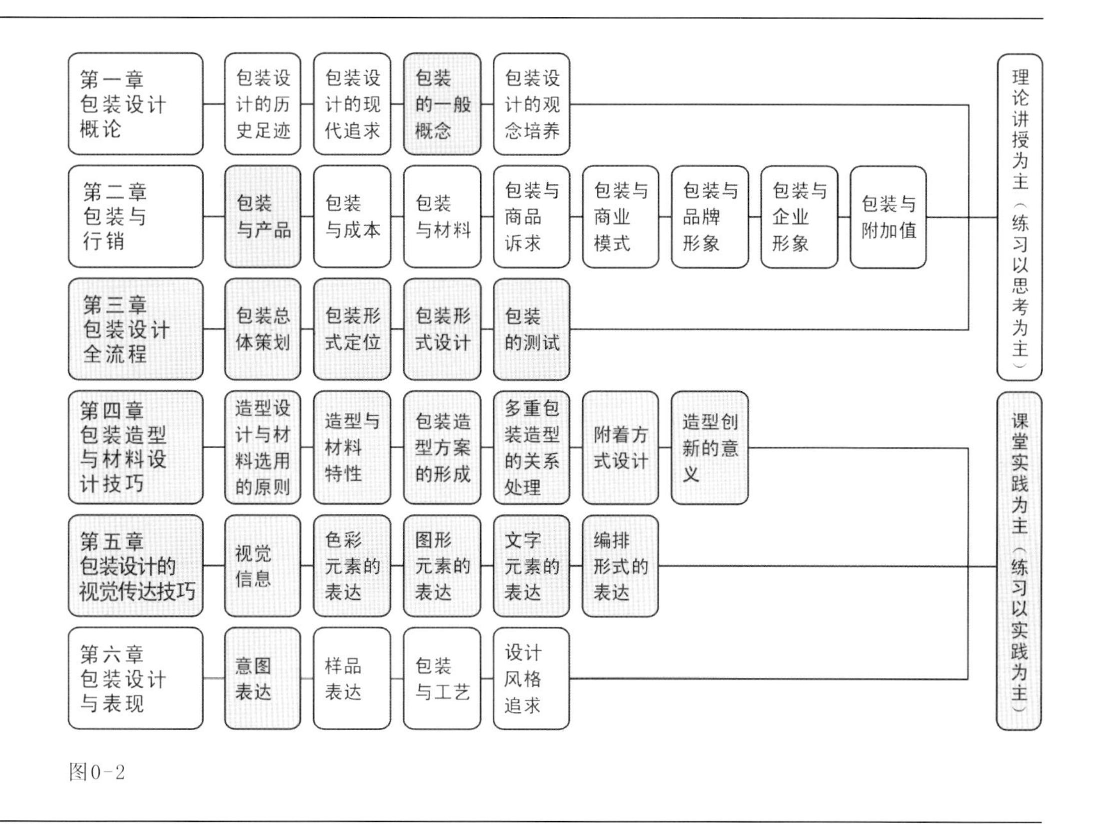

图0-2

本教程推崇“宏观认知、微观理解”，从包装的造型、材质、平面附着等不同的角度阐释包装设计应关注的知识点，并提供学习包装设计的途径和方法，同时不急于促成对包装设计的高层次能力培养，希望借此激发学生思维的广角性，了解方法的多样性，在未来的创作、创造中能够将所学、所见自然地转化到实践中，充分反映出通过该教程学习后的设计素质的提升，将基本认知、思维引导和宽阔的眼光培养作为本教程的教学重点。

3. 本教程的结构

图0-2所示的是本教程的教学内容总结构。

本教程共分六个章节，在教程中有穿插其中的课堂及课外练习要求，教师可以据此布置作业，引导学生进行课堂及课外练习。

加重底色的部分为教学的重点内容，需要学生基本掌握，并在实践中加以体会。其余部分的内容需要学生了解即可。

二、授课计划

1．学时

总学时：64—80学时。

学时分布：理论讲授16—20学时，课堂实践与辅导48—64学时。

2．教学目的

通过系统讲授包装设计的基础理论，使学生充分认识包装设计在商品社会中的重要地位，了解包装设计的基本原理和设计流程，并树立对于包装设计的现代观念。

通过一些包装造型与材料设计技巧方面知识的讲解，使学生较为系统地掌握包装与造型、材料之间的关系和常见的处理手法；通过介绍包装设计的视觉传达技巧，使学生了解包装设计中文字、图形、色彩这些视觉元素的表现特点，并初步掌握在包装造型上编排视觉元素的一般方法；同时学习一些包装设计方案的表现技法，最终达到能够独立完成包装设计作品的目的，为从事专业设计打下良好基础。

3．教学重点

（1）包装设计的基本知识

（2）包装设计的操作流程

（3）包装造型与材料设计技巧

（4）包装设计的视觉传达技巧

4．理论讲授内容和课时分布

（1）包装设计概论（2学时）

（2）包装与行销（2学时）

（3）包装设计全流程（2学时）

（4）包装造型与材料设计技巧（4学时）

（5）包装设计的视觉传达技巧（4学时）

（6）包装设计与表现（2学时）

5．课堂实践内容和课时分布（48—64学时）

（1）设计方案（8学时）

（2）设计草图（8—10学时）

（3）造型试验（10—14学时）

（4）平面的装饰设计（12—16学时）

（5）计算机制作（6—8学时）

（6）成型（4—8学时）

6．作业要求

（1）作业件数：按照课堂实践内容的要求完成系列包装设计1套4—6件，其中至少要包括容器造型、纸质盒形各一件，其他内容自由选择，完成的作业包括草图、计算机平面展开图以及实物三种类型。

（2）作业尺寸和制作要求：根据包装方案的需要自定尺寸，使用计算机进行平面图纸制作，打印后进行折叠等成型处理。容器造型可以选用现成的容器，也可以利用石膏等材料按照自己的设计方案进行塑造，并处理成一定的质感效果。

（3）课外作业：由于该教程的作业量在课堂时间内不能全部完成，需要借助一些课外时间，因此，不布置思考题以外的课外作业。

三、基本认知

产品——生产出来的物品。必须是人类劳动的结果，并为人类所需求的物品。产品包括可以直接使用的成品，也可以是需要继续加工的半成品或零配件。

商品——为交换或出卖而生产的劳动产品。商品分为有形和无形两个大类，用于使用的物品属于有形产品，如衣服、食品等；而服务性商品有很多是无形的，如帮助客人开门、泊车等。

产品、商品及其他——产品与商品均为劳动制品从产生到灭亡全过程中一段过程的称谓。一件劳动制品的完整过程一般包括生产过程、销售过程、使用过程、废弃处理过程四个环节，进行销售过程之前的劳动制品为产品；未经销售过程和进入使用过程之后的劳动制品，均非商品。因此，一般情况下，劳动制品处于生产、运输过程的称做产品，处于销售过程的称做商品，处于使用过程的称做用品，处于废弃处理过程的称做废品或再生制品……

本教材中“产品”和“商品”两个词汇在出现时就是依据上述界定来使用的。环境不明时，“产品”和“商品”视为同一词汇，可任意使用。

包装与产品、商品——包装不仅是产品或商品的附属物，本身也是产品、商品。在其所包装的产品形成时，包装是其必备的配套，承担着在产品成为商品之前、之时的保存、运输、促销的作用。包装在成为产品、商品的配套之前或在其被使用之前，也会经历产品、商品称谓的过程。因此，在不同的阶段，包装是一个特殊的产品或商品。

平面设计——平面设计源于英文“Graphic Design”，指的是在二维空间中将各个平面元素按照一定的规则、方式组合排列的设计活动。在平面设计发展的不同阶段、不同地域，曾被称为“装潢设计”、“图形设计”、“装饰设计”等。直到1922年，美国人威廉•阿迪逊•德威金斯将自己所从事的设计活动内容称之为“平面设计”，他也是最早使用“平面设计”这个概念的人。第二次世界大战之后，“平面设计”一词被世界接受并广泛使用。平面设计涉及的媒体形式较多，包括形象系统设计、标志设计、字体设计、书籍装帧设计、型录设计、包装设计、招贴设计……大多数情况下，这些媒体需要使用印刷工艺完成其作品。

平面设计元素——文字、图形、色彩是平面设计的核心表现元素，平面设计就是在二维环境中对这些基本元素进行组合排列的工作，并通过这一工作，准确传递相关信息。

包装设计——是指选用合适的材料，运用巧妙的工艺手段，借助符合消费心理的装饰性设计，针对劳动制品进行的保存、运输、销售等方面的设计工作。

包装设计要件——外形设计、材料设计、平面设计。

平面设计与包装设计——一般的包装均为立体造型，但在装饰性的设计方面仍属于平面设计的思维范畴。由于其的包装特性，对于立体造型、材料选用等超越平面环境的因素，需要借助多种学科知识以及相互配套的工艺技术来完成，因此包装设计是包含了平面设计的综合性设计工作，是一项艺术与技术结合的工作。

小结

请注意回顾以下一些重点内容，这些内容对于学习包装设计至关重要。

同时，依照下列思考题的内容进行简要回答。

本章重点

1. 本教程的特点及教学重点。

2. 产品、商品、包装的基本概念。

思考题

1. 简单说明产品、商品及其关系。

2. 包装设计的要件有哪些？

3. 平面设计与包装设计的关系是什么？

引子

第一章
包装设计概论

第二章
包装与行销

第三章
包装设计全流程

第四章
包装造型与材料设计技巧

第五章
包装设计的视觉传达技巧

第六章
包装设计与表现

一、包装设计的历史足迹

1. 自然包装

人类出现之前，自然包装就已经存在了，比如天体本身就是一个完美的包装体，是为了在宇宙中保持相互间的平衡而形成的；自然生长的植物果实，如核桃、桔子、苹果等，其包裹的方式非常独特，这与其内在物质的特点分不开；动物的皮、飞禽的毛都是对自身保护的结构。这些千变万化的包裹、包装方式都是对相应的生命体的爱护和保护，是使其能够延续千万年生命的根本。人类从大自然中可以学习的包装理念、包装手法和自然审美无以计数，曾受益匪浅。其神奇和精美的程度，至今仍然让我们感叹不已。

2. 原始包装

当人类出现之后，非常自然地开始使用天然材料对物体进行携带和保护。大大的树叶用来包裹散状物体；干枯的芦苇成为捆扎材料；动物的肠、膀胱以及成熟的葫芦都是很好的液体容器。原始包装的特点是就地取材、物尽其用，非常符合自然循环的规律。

3. 传统包装

传统包装是在人类技术能力进步之后的产物。物质丰富了，有了剩余需要存储；分工细致了，出现了交换的现象，产品在转移的过程中需要一些携带的方式。这些变化，形成了对包装更多、更高的要求。此时，原始的包装不能够满足现实的需要，而技术能力又为包装水平的提高做好了准备，因而包装从材质到设计都有了很大的进步。陶瓷、漆器、金属等器皿，丝绸、棉麻等织物，都被用作包装材料和器物。木材、竹材等天然材料也通过设计和技术加工成为精美的包装载体。在这个发展阶段中，天然材料在包装中仍然随时可见，只是在加工上更加精细了、更加综合利用了而已。

图1-1

在中国和中国周边的一些国家，传统食品粽子的包装至今还沿用着使用天然苇叶或其他叶子的习惯，因为这些叶子所散发出来的清香是粽子特有味道的来源之一。由于包装本身所具有的一些功能的不可替代性，成为了一些原始包装之所以能够保持至今的原因。

4. 现代包装

进入工业社会后，大机器可以批量地生产或加工各种包装材料和器物，同时又能够生产出与天然材料距离较大的人工复合材料，包装的概

图1-2

在现代包装中使用天然材料的情况比比皆是，一方面与设计主题有关，另一方面也与对当今怀旧风格的追求分不开。

念、设计手法、材料选用进入到了一个全新的阶段，包装结构的复杂程度、便捷程度，会根据保存、运输、销售等不同的目的进行设计和加工；包装质量越来越高，然而包装的成本却一降再降。但是，在现代包装不断走向奢华或便捷的同时，也加重了浪费，加大了环境污染。由于包装的目的不再单纯，商品的附加值也随着繁复、奢侈的包装而增高，包装的意义进入了消费观的新境界。

5. 后现代包装

在现代社会中，由于商品经济高速发展，商业包装已经成为一种文化形态，不再单纯地停留在之前的一般性机能或审美的层面上，它已从基本的物质性以及流通需求上，加入了文化的多重观念，除了新时代的价值观、审美观的融入外，道德观、民族观等文化因素在包装设计活动中也越来越多地被反映出来，并成为包装设计观念中不可或缺的思维取向。

在现阶段中国的商业活动中可以看到，由于国力的提升引发了民族意识的觉醒，参与国际化竞争使民族性差异的寻求成为了一种需要，民族观自然会反映到包装设计的各个环节中。

由于日益恶化的自然环境所引发的问题越来越多，大众的生态环境保护意识逐渐加强，此现象对包装这一附加物质的设计观念具有直接的冲击，节约与环保等道德层面的文化观念上升得极快，反对过度包装、提倡材料环保成为主流思维。在日本，甚至出现了无设计、无印刷的回归式的朴素包装，只单纯体现保护与运输等基本功能，除了理念超前外，商品的价格也非常具有竞争力。

文化观念的更新使得对包装的期待有着根本性的转变，技术革命又带来了新的设计形态，多用途包装、互动性包装、动态型包装等应运而生，单纯性的包装越来越少，一次性包装也在走向末路，未来的包装将走向何方，既取决于技术条件，更取决于思想和文化观念的走向。

6. 包装设计发展的历史界限

自然包装的特点是，所有的包装形式无人为因素，都是大自然的选择结果。

原始包装的特点是，所有的包装材料和载体均来源于天然材质，但包装的目的和样式是人为的结果。

传统包装的时代，出现了人工生产的包装材料和包装容器，但以手工制作为主，天然材料和人工材料并存或结合使用的情况也极普遍。

现代包装完全可以脱离天然材料，以使用人工合成材料为主，同时，包装加工多为机器生产，效率奇高，包装的目的不再单纯，成为寻求商品附加值的重要途径。

后现代包装的重点在于文化观的多重性追求以及高科技的直接影响，环保、绿色、动态等观念在包装设计中频频显现，包装的概念多元化了，包装的形态也随之未来化了。

图1-3

在后现代社会中，商业包装除了满足包装的一般功能外，已经成为一种文化形态，其审美的层面上加入了文化的多重观念。在物质极大丰富之后，包装造型的创新成为了包装设计的必要追求，吸引消费者的不再只是商品本身的质量和数量，包装成为了商品地位功能的主要体现媒介。因此，如图1-3所示的有些神秘怪异的包装造型往往更容易吸引人们的注意，甚至成为购买被包装产品的重要理由。

包装设计必须面对使用者在尺度的适宜性上、携带的便利性上、使用的舒适性上进行合乎人性化的追求。图1-4所示的三个盛装同一种产品的容器造型，由于容量不同，除了在材料上有不同的选择外，在外观设计中特别注意了手的握持尺度。铝罐的尺寸握持性较好，右边那个最大的瓶子在腰部采用了收缩的处理方法，在尺寸上与铝罐非常接近，巧妙地解决了握持舒适度的问题。

图1-4

二、包装设计的现代追求

1. 包装设计的人性化追求

现代社会最明显的进步在于，人类对自身生命和舒适感的重视，以及对人性化的追求越来越高。这一点也影响并形成了包装设计的诸多观念和设计思维。包装在满足了产品对其的基本需要外，在设计中还必须面对使用者，在开启的简易性、携带的便利性、存储的长久性、尺度的适宜性、使用引导的合理性、平面设计的审美性上都会进行更高的追求，并通过形状、文字、色彩、图形以及技术结构等各个角度的表现去亲和使用者，使其感到舒适、便利。从企业间竞争的角度看，人性化追求提升了企业形象、产品形象；从社会发展的角度看，这是人类生活水准和质量提高的象征，是社会进步的反映。

2. 包装设计的社会责任追求

一般情况下，包装在完成了盛装、包裹、保护、搬运、存储等功能后，绝大多数情况下会被作为废物进行丢弃，这也是自然环境之所以日趋恶劣的原因之一。因此，“绿色设计”的概念从20世纪70年代中期便开始出现，并逐渐成为舆论的中心话题。天然、可回收、便于清洁、可重复使用的包装开始替代一次性包装对自然的耗费，成为包装设计的新理念和新追求。绿色设计的观念已经被提升到与人类未来环境、生命攸关的高度来认识了。

在竞争激烈的商业市场中，在投机心理的驱使下，一些商家或企业在包装设计中采用模仿、抄袭等侵权行为，以期快速地在商品流通中获得高额利润。虽然这是文明社会所不齿的行为，但在目前的社会风气下仍然不可避免此类情况，因此在许多包装中防伪性设计成为必需的环节，这也是一种无奈的选择。因此，除了生产者、销售者要遵守行业操守，设计师的职业道德水准也应提到社会责任的层面上来看待。

3. 包装设计的新观念、新技术追求

在信息发达的现代社会中，媒体从单一性走向多元性，从静态走向动态，从单向性走向互动性。消费者不再满足原有的包装形态，对包装设计存有更高的期望，包装设计工作面临着新技术环境下的诸多新课题，包装设计的创新成为一种必然。

包装设计的创新多从材料、结构上展开，尤其以动态变化和互动变化为多，将人与包装的关系引入新的境界。例如，一些包装盒在完成了包装的功能后，可以通过结构的调整变为储物箱等再利用物；再如，一些包装材料可以根据环境温度变化调整其色彩，甚至感应周围色彩而变化自身的颜色，从而突出其在货架上的效果。这些新型包装带来了包装观念的颠覆性改变，也是一种未来趋势的反映。

在这个求新求异的时代，为满足消费市场的风云变化，包装设计工作在不违背社会公德、法律限制的前提下，有着无止境探索的可能性。

三、包装的一般概念

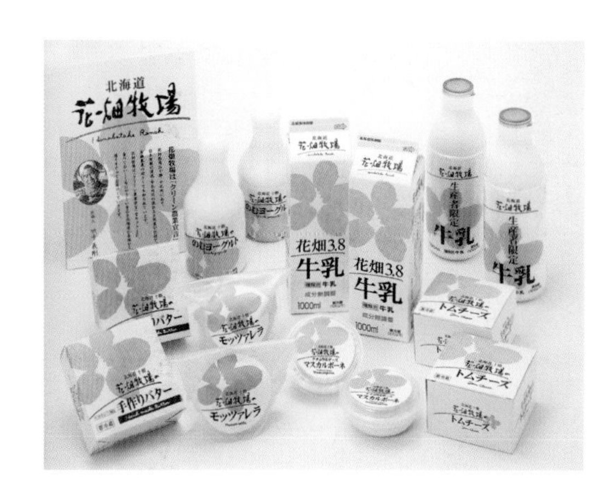

图1-5

包装最基本的功能是保护产品，由于保护的目标不同，包装的材料运用、造型处理等就有所不同。从图中所示的牛奶和牛奶制品的系列包装中，可以看到容量大小不等的包装以及保鲜程度不同的包装在设计表现中的不同方法。

1. 初识包装

（1）来自各方的看法

对于包装的概念，包装具有的作用和意义，各个国家都从自身的角度给予了明确的说法。

美国、英国、加拿大、日本这些工业发达国家的专业机构都有对于包装的专门定义，我国在1984年颁发的“包装通用术语（GB4122-83）”中，也对包装一词进行了权威界定。

美国——为方便货物的运输、流通、储存与销售而实施的准备工作。

英国——包装是为货物的存储、运输、销售所做的技术、艺术上的准备工作。

加拿大——将产品由供应者送至顾客或消费者过程中，能够保持产品处于完好状态的手段。

日本——包装是为便于物品的运输及保管，并维护商品之价值，保持其状态，而以适当的材料或容器对物品所实施的技术及其实施后的状态的称谓。

中国国标GB4122-83——包装是为在流通中保护产品、方便储运、促进销售，按一定技术方法而采用的容器、材料及辅助物的总称；也指为了达到上述目的而采用容器、材料和辅助物的过程中施加一定技术方法等的操作活动。

从上述各国对包装的定义来看，包装被界定为两个方面的工作或手段，一为运输和保护的工作或手段，二为促进销售的工作或手段。美国、英国、中国的定义中都指出包装包括了上述两方面的工作或手段，而加拿大和日本则将包装定义在了前一个工作或手段中。

加拿大和日本的定义是站在包装的最原始、最核心的功能角度来确定其作用和意义的，而美国、英国、中国的定义则将现代社会这个销售时代对包装所具有的更多期待都界定了进来。因此，两种说法并不矛盾，只是角度略有不同而已。

（2）包装的定义

综上所述，我们可以对包装进行如下描述——针对劳动制品进行的保存性、运输性、促

图1-6

图1-6是一个简洁的销售包装，盒盖经过简单的结构处理后，成为一个品牌展示牌，商品则被充分地展现出来。这种包装手法是广受销售商欢迎的。

销性的工作，包括技术和艺术两个方面，是一个包含诸多环节的设计及生产过程。

（3）对包装概念的思考

在现实中，经常可以听到“过度包装”与“绿色包装”在观念上的诸多争斗。因为“过度包装”是明确地依赖超越产品需求的特殊包装用于促销的现象；而“绿色包装”则是站在地球环境、资源节约等角度上，呼吁和倡导包装回归本质功能的。由于近年来一些包装超出原始功能以外造成了许多严重的后果，使得包装概念异化、变味，现代人不得不站在“绿色包装”的角度思考上述问题。基于这样的现状，对于包装定义的理解应该更深一个层次地进行。

2．包装的功能

从上述定义中可以概括出包装具有保存、运输、促销三个方面的功能，下面将从功能的角度对于包装进行分类认识。

（1）保存产品

保存功能包括盛装、保护和存储几个方面，特指避免商品在存储、运输等非使用状态时有可能遭受的影响所采用的措施，确保商品在使用时能够保持生产者所承诺的品质。其中包括防破损、防水、防潮、防漏、防锈、防温、防震、防辐射、防变质、防窃等保护措施。

保存功能是包装最基本的功能，若除却包装环节，许多商品将不能存放、运输，连最基本的搬运和携带都会存在困难。如液态的鲜牛奶如果不采取保鲜和分装措施，在常温下最多一天就会变质，作为液态商品，若零散购买也不易携带。但经特殊处理后，在专用的包装袋中可以保存30—180天不等，这种包装方式使得销售工作非常便捷，对于消费者来说，无论购买、保存、饮用都很方便；再如一些药品、化妆品怕光怕挥发，不能采用洁净透亮的玻璃瓶盛装，多采用深色遮光的玻璃瓶进行包装。

（2）运输产品

运输包装是指以运输为前提，注重保护和搬运功能，以存储性能高、方便转移为目的的包装。由于现代社会的交通非常便捷，通过飞机、轮船、火车、汽车，商品短途或长途转运成为一种常态，例如中国人在世界各地都能方便地购买到自己国家的商品，就依赖着这种发达的运输业。

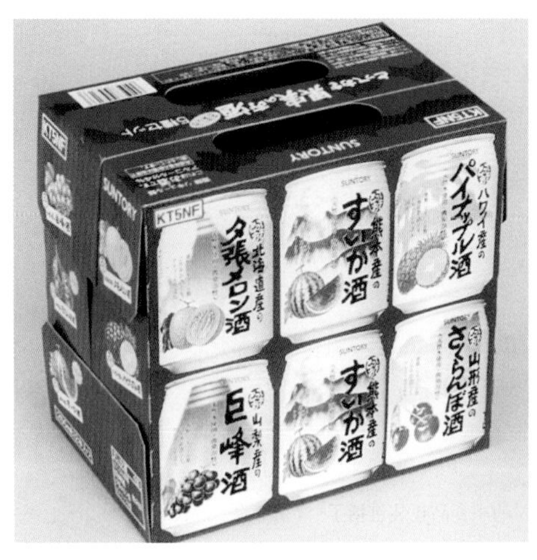

图1-7

运输包装的设计需要考虑是专业的机器搬运、专业的人工搬运，还是消费者自己携带等问题。图1-7所示的集合式包装适合消费者自己携带，把手的设计方便轻松地提携。

然而基本的保护型包装大多都不能作为运输包装，因为这类包装为了方便使用，其个体体积往往较小。而运输过程中需要进行大量的搬运工作，过小的包装会影响搬运效率，若其保护型包装的保护性能低时，还会因搬运造成损失。另外运输过程中的搬运工作往往比较粗糙，需要对商品进行更加强固的保护。除此以外，在运输型包装中非常注重对于码放方式的设计，可以有效地利用空间，以节省各方面的资源。

针对运输的要求，不同的商品在包装上会有不同目的的解决方案，如防震、防碎型包装，防挤压型包装，防水、防潮包装，单件包装、组合包装，复合包装等。这对于仓储或运输时的摆放有着直接的关系。

（3）促销商品

促销包装多指以零售为前提，外观样式独特新颖，注重促销功能，以激发购买欲为目的的包装。

由于自助式销售方式的兴起，导致购买形态和陈列方式发生了很大的变革，除了继续利用大众媒体对商品进行宣传外，包装成为了一个新的促销媒体。这类包装在设计上注重超出产品以外的、包装本体所产生的新效应，除了拥有保护等功能外，还会为商品增加相应的附加值。因此，对于包装设计的艺术性表达的重视程度也随之越来越高了。

上述功能并不是绝对割裂的状态，在现代包

图1-8

图1-8中的小食品包装包括了个包装和内包装两个层次。单个包装以塑胶袋进行小量分装，然后以15个一组使用大纸盒进行内包装。纸盒包装属于一个销售单位，塑胶袋包装则属于一个使用单位。图1-9也是类似的包装方式。

图1-9

装的设计上，在同一个包装方案中，一方面要重视保护性功能，同时也要在促销效果上下功夫，另外，也要考虑在包装设计中如何反映产品形象、企业形象等。

3. 包装的类别

除了从功能上对包装进行分类外，还可以从多种角度来认识和了解包装的类型。可以从包装形态、包装材料、包装大小、包装内外、包装对象、包装目的看，甚至可以从艺术表现的风格来看，通过这诸多的角度，可以充分了解包装的功能和价值，从而为包装设计的有效表达建立良好的基础。本教材从便于理解包装形态以及顾及包装功能的角度对包装进行以下分类：

（1）个包装

个包装是指将产品进行个别化的包装，是以盛装、保护、小计量为主的包装形态，多指直接接触商品的包装，例如装啤酒的铝质易拉罐、装饼干的塑胶袋、装香水的玻璃瓶等。

（2）内包装

内包装是指对于产品在运输包装之内的包装，比个包装具有更多的保护性、装饰性，便于大计量销售以及堆积等作用，多指个包装之外的汇集型包装，例如一条香烟一般是10盒香烟包装在一个大盒中，这个大盒就属于内包装。

（3）外包装

外包装是指运输型、仓储型包装，非常注重在搬动、运动过程中的抗损能力以及整齐的码放方式，是对于内包装的集合式、简洁性包装，例如货品转运箱、瓦楞纸箱等。

上述包装形态在有些商品的流通中会完整体现，如大多数药品在商业流通过程中需要从个装、内装到外装的全部包装形态。但也有些商品只使用一种形态或其中两种形态就可以在流通中完成使命，如一些电器只有运输包装和简单的塑料套袋，拆箱后可以直接看到商品；生活中常用的洗衣剂，在大多数情况下只有个装和外装两个环节就可以了。

4. 包装设计

（1）包装设计的定义

包装设计是指选用合适的材料，运用巧妙的工艺手段，借助符合消费心理的装饰性元素，针对劳动制品进行的保存、运输、销售等方面的设计工作。是将科学的、社会的、艺术的、心理的诸多要素结合在一起的专业设计活动，属于商业性艺术的范畴。

（2）包装设计的性质

包装设计看似为立体造型，但在装饰性的表达方面仍属于平面设计的思维范畴。由于它的包装特性，对于立体造型、材料选用等超越平面环境的因素，需要借助多种学科知识以及相互配套的工艺技术来完成，因此包装设计是包含了平面设计的综合性设计工作，是一项艺术与技术结合的工作。

（3）包装设计的价值

人们常说“佛要金装、人要衣装”，对应在商品上的则是包装，包装设计工作就是为商品进行妆点的工作。除了满足基本的保存、运输的功能外，包装承担了装饰商品、宣传商品，甚至美化商品的重要任务。这种原本似乎是附带性的功能，在如今这个商品供大于求、同质化的时代，被更加地放大了。

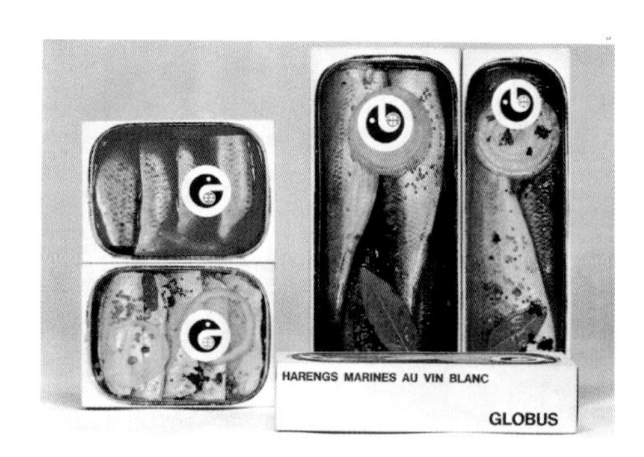

图1-10

利用摄影图片将产品的原貌直接地不加修饰地作为包装的视觉图形展现出来，既是最简单，也是最准确的表现方法，当然产品必须是具有观赏性的。

（4）包装设计的原则

1）满足功能性

每款包装在设计之初，必须要确定包装对象的保存特性、运输方式以及销售方略，以此作为包装设计赖以进行的基础，并以满足上述功能为设计的基本目标，例如，应有方便搬运的结构、便于携带的体积或形态；防止挥发或渗透的处理、抗击挤压的结构；巧妙的展示造型、诱人的色彩表现等……

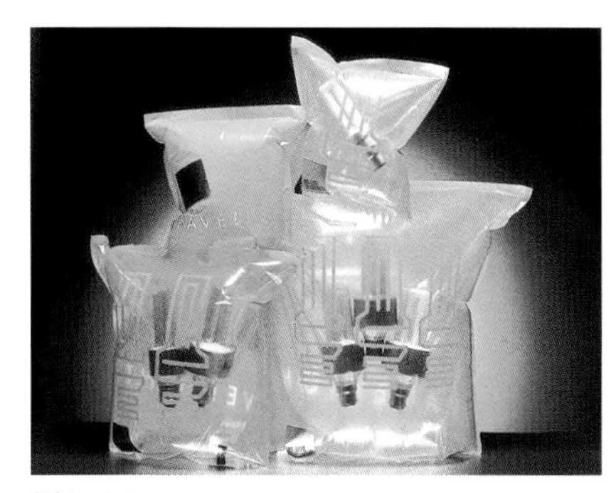

图1-11

追随时代性不仅可以从外观上进行表现，还应注意从材料以及技术方面展开。这款透明的充气包装，在节能灯管包装中是很具时代感的。

2）追求审美性

对于审美性的追求，在满足销售方略的设计时必然会加以考虑。但审美性追求在竞争激烈的时代变得更加重要，也更加微妙，不再是一个可有可无的设计因素，甚至可能是决定胜负的一个杀手锏。然而，掌握审美品位的时代性和对象性，则是一个极具技术性的技巧。准确地表达审美情趣是包装设计成功的一个重要因素。

3）达成准确性

在进行包装设计时，应根据包装对象的特点选择适当的材料、造型样式、装饰语言，从而保证准确地传送商品信息。不恰当的材料、造型、装饰可能会造成浪费、误解，导致利益受损。包装设计有着很大的创意空间，但成熟的商业社会中，许多商品的包装在材料选用、造型处理、装饰手段上都有一些约定俗成的选择或样式，使其在商品类别的认知上不致引发误会，这一点在包装设计中应加以注意。但在同类商品差异化设计的追求上，要着力打造品牌个性，凸现品牌魅力，准确传达品牌信息，为品牌依赖建立基础。

4）顾及经济性

绝大多数的包装都是商品的附属物，在完成了包装的功能后会被遗弃，成为废品。因此，在选择材料和工艺时，应该考虑与包装对象的经济匹配性。同时，应根据商品本身的销售目标，选择适合的设计样式，不要对廉价商品进行豪华装扮或矫情处理，违背销售初衷，导致消费者产生不信任感。

5）摒弃无效性

在包装设计中，最重要的是在创意时能够抓住主题，在表达时能够直奔主题。要学会放弃那些看似美好但对于主题无用、干扰信息传达、引发不正确理解的结构或装饰。在设计中应提倡具有创新意识的追求，利用多种手段、手法着力凸现主题。

6）追随时代性

包装是及时消费的产物，时代的印迹非常明显。当下的流行趋势，对包装设计从材料、造型到装饰语言，必然有着深刻的影响。在包装设计中，应当提倡关注时代的流行性特点，满足消费者求新的心理需求，避免过时的设计语言影响购买情绪。

四、包装设计的观念培养

1．建立三维观念

在平面设计中，除了书籍和包装媒体，大多数设计都是在单纯的二维环境中完成的，这会使设计思维受到单一平面的约束而不能照顾更多的因素或感受。因此，在学习包装设计之前，应首先建立三维观念。

三维与二维设计作品最大的不同是空间占有的不同，观察方法和效果存在差异。二维作品的观赏只能站在一个方面进行，颠来倒去时内容都不会发生变化；三维作品可以被环绕、被翻转，每转一个角度都会有所不同。

在二维作品中可以用同一种材质表现多种质感；在三维作品中，可以使用更多的材料综合展现，使人体验得更真实、更丰富。

包装设计属于三维设计活动，需要理解结构的意义和方法，需要建立立体造型与平面展开图之间的关联意识，需要明确任何一个立体造型在其成为产品或包装时应该具有主展面、次展面的层次关系。

2．理解装饰的功能性

在包装设计中，包装造型以立体的方式承载着平面设计作品，并包裹、盛装着产品。平面设计的目的是把消费者的注意力吸引到包装物上，并承担着传递产品信息的任务。因此，除了包装本体之外，其附着的平面设计也是具有功能性的，它以装饰性的语言吸引消费者的目光，将商品信息传递给消费者，并与包装造型一道诱发消费者的购买欲望。

图1-12

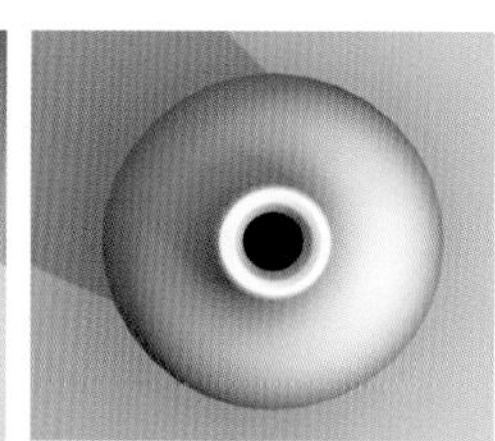

图1-13

包装属于三维造型，在设计中要考虑多个角度的造型变化，还要照顾这些变化与造型整体的关系，在环绕、翻转过程中应保持处处呈现完美感。图1-13是图1-12的瓶口俯视图。

3．恪守包装的本质追求

无论科学技术如何进步，生活水平如何富裕，对于包装设计在结构上追求便利性、在装饰上追求适合性、在材料选取上追求适度性、在功能设计上追求合理性都是不能忘却的，也是不能随便逾越的基本追求。

漂亮的装饰，如果没有准确传达商品信息，误导了消费者对其的理解，其作用对于商品销售是致命的。如牛奶包装看起来像洗衣粉，小电器包装看起来像化妆品，消费者要么误解，要么反感，不会留下正面的印象。

奇特有趣的造型，本来可以吸引消费者的注意，引发兴趣，如果购买后发现很难开启，其结

图1-14

商品包装在销售时往往处在与其他包装比肩而立的环境中。设计者应具有一定的预见性，只有在调查的基础上进行包装设计，才能将自己的作品从纷杂的商品中突显出来。

果是令人生厌的，会引发对其的不良口碑。

包装使用豪华材质和繁复造型及极致装饰，如果被消费者认为外表与内容物不符，华而不实的话，其生产者的形象也会大打折扣。

功能再多的设计，如果是不实用的、自作多情的设计，对社会、对使用者、对设计者都是不负责任的。

因此，设计者要富有社会责任感，要有良好的设计素养，要具备包装设计的全方位知识。这样，在面对包装设计的任务时，才能够客观、理性地寻找设计表现角度，以最佳的方案获得客户认可、赢得消费者满意，成为商品在流通中最理想的销售助力。

4. 了解商业活动特性

包装设计是将产品塑造成为商品的必需环节，对于该产品应该成为怎样的商品、成为哪些人使用的商品？这些问题需要作为基本的前提充分地了解，因为这些都是该产品销售的原始目标。如何塑造事先规划好的产品形象，使其达成初期设想与销售结果一致的效果，需要具备的不只是艺术设计素质，还必须具备对于商业活动的相关知识和经验。需要对该产品的营销规划进行全盘了解，并相当明确包装设计在整个营销规划全程中所处的工作环节和作用。对于包装设计来说，找对设计的方向，比什么都重要，而寻找方向就需要了解全流程。商业活动知识与包装设计的方案拟定是分不开的。对包装全流程越了解，对设计定位就可能越准确，最终的设计效果就具有了保障基础。

5. 预见性能力

要懂得货架效应。大多数商品在进入流通环节后，经由货架与其他商品一争高低。通过了解某商品的销售方略，可以得知该商品将处于怎样的销售状态，对包装的未来环境才可具有预见性，这对设计结果影响重大。

要了解消费人群。只有了解了购买商品的人群具有怎样的年龄结构、兴趣爱好、心理特征等特点，才可能准确地把握具有感染力的设计语言，才能保证准确地投放，有效地传递信息。

6. 关注印刷等加工工艺

大多数情况下，包装设计的完成需要依靠印刷工艺来实现最终效果。其中包括纸面印刷、塑胶印刷、特殊印刷等印刷工艺。在印刷完成后还需要进行折叠处理、裁切处理、胶合处理等后加工工艺。学习包装设计，必须了解诸多的工艺环节，它对包装的平面设计效果有着直接的影响。

小结

请注意回顾以下一些重点内容，这些内容对于学习包装设计至关重要。

同时，依照下列思考题的内容进行简要回答。

本章重点

1. 包装发展几个阶段的特点。
2. 包装的功能。
3. 包装的类别。
4. 包装设计的基本概念。
5. 学习包装设计应具备的基本观念。

思考题

1. 为什么要为商品进行包装？
2. 如何理解包装设计？
3. 不同包装类别的特点分别是什么？

引子

第一章
包装设计概论

第二章
包装与行销

第三章
包装设计全流程

第四章
包装造型与材料设计技巧

第五章
包装设计的视觉传达技巧

第六章
包装设计与表现

包装设计是艺术设计的一个组成部分，有着诸多的艺术考量，但它并不是一个可以闭门造车的纯艺术创作，也不是一个孤立的工作，它与商业市场有着密切的关联。

包装设计作品的优劣，不是凭借设计师自我感觉的良好度来确认的，也不是单纯从审美的角度可以判定的，它与商业活动息息相关，它与消费者的认可密不可分，它是由销售结果来检验的，它是一场精心谋划的商业计划的视觉面，依靠众多的行销环节来支撑，是以达成其所谓的商业目的为目标的。

因此，在建立包装的视觉设计观念之前，需要了解商品行销的诸多知识，从而为建立理性、客观的商业包装设计观念铺垫基础。下面将从六个方面对包装与行销的关系进行了解。

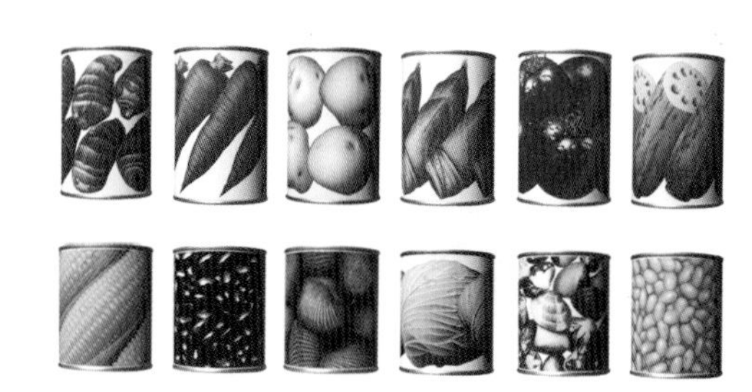

图2-1

图2-2

图2-1和图2-2都是罐装食品的包装，由于产品性能、销售对象以及对食品的品质表达重点不同，在设计中虽然有很接近的风格，但图形表现手法和突出的重点有着很明显的区别。

一、包装与产品

1. 产品性能

每种产品都有其存在的价值，都具有相应的使用功能。深入了解产品的基本性能及与同类产品比较下的特殊性能、生产成本等信息，有助于在包装设计时准确地表现产品特征。

2. 销售对象

不同的产品有着不同的使用者，但销售对象不一定是使用者本身，确认真正的购买者，对包装设计语言的表达很有帮助。

3. 价值、品质

相同使用价值的产品在商品价值上可能具有不同的追求，例如名牌产品与非名牌产品也许在使用方式和性能上并没有本质的区别，但在销售价格上可能会有天壤之别，这是其附加值所决定的，是品牌效应的结果。因此，在包装的品质追求上也就会产生较大的差异。高品质的外观形象，有可能提高消费者对其的本质质量的高认可度。

图2-3

生抽是生活中常用的食品调味剂，属于大众化的产品。一般情况下采用个包装，直接将产品装入玻璃或塑胶容器中就可以在货架上进行销售了。图2-3中的生抽包装则显得不同凡响，除了个包装还有作为缓冲结构的纸套装饰，以及集合式的内包装盒，内包装的纸盒材质和印刷质量都非常精良。这是一款作为礼品赠送的包装设计，而非日常家庭用包装的形式。在这款包装中并未使用过于高档的材料，但在设计中所采用的一些细节处理非常讲究品质感，直接提升了包装的档次。该设计在成本控制方面的处理技巧值得学习。

4. 数量、质量与预算

包装结构的复杂度、工艺的精美度需要根据产品的产出数量和价值、品质来决定，这是影响包装成本的重要因素，在设计之初，包装预算是要首先明确的问题之一。

二、包装与成本

成本控制能力也是设计师素质高低的体现点，以低廉的费用成就高质量的包装作品，是企业主所期望的，也是设计师应该追求的目标。

高档的包装可以依赖高级的包装材料和高级制作工艺来完成，但高级的包装材料和制作工艺却不一定能够反映出高档感。采用好的包装材料和制作工艺，通过良好的设计技巧，是形成高品质包装的关键。但合理地运用包装材料和制作工艺，通过巧妙的设计手法，在成本不高的情况下，也是有可能塑造出高档感来。

在包装设计工作中，是否追求高档感要依据商品诉求的特点来确定，一味地追求高级感是一种盲目的选择，是不符合商业规律的。

在包装设计中，除了设计费用，其他成本发生在包装材料、制作工艺、运输、上架等环节，巧妙的结构造型、尽量一纸成型、减少印刷套色、有效控制流程、便捷的运输操作设计、合理的包材选用等，都是控制成本的角度。

三、包装与材料

产品属性不同，对包装材料的要求也会不同。对产品进行包装的基本目标是提供足够的阻隔性，使其能在预期寿命内保持其质量。

例如，饼干、茶叶等的包装要考虑防潮、防霉变的性能，常用锡纸、铝箔或塑料纸等作为个装材料；液态的饮料包装有玻璃瓶、金属易拉罐、纸铝塑复合砖型利乐包装、聚酯瓶等；新鲜水果常常采用天然材料的筐、木箱，人工材料的纸板箱、塑料箱（框）等，还要在强度较大的前提下做到通风、透气；许多化工产品要选用不透光、半透光的材料，防止其挥发失效……

包装材料的选择是包装设计的第一步，要考虑材料的保质性能、缓冲性能、承重性能、污染程度等，还要考虑材料成本的合理性、与被包装物的匹配关系等。

选用不合理的包装材料可能导致产品受损。过度的包装也是不必要的。设计师在包装材料的设计上可以大胆地进行想象、创新，但前提是必须具备对于相关包装材料的基本认知、对于产品性能特点的充分掌握、对于销售定位的准确把握等。

图2-4

许多化妆品的包装为了反映产品的清爽、洁净感，大多采用白色调的材质。而许多产品由于需要进行遮光或半遮光的保护，因此采用不透明或半透明材质作为包装材料是不错的选择。在图2-4系列化妆品的包装中，容器材料均采用半透明的玻璃材料，塑胶的盒盖也采取类似的处理手法，整个包装系列的半透明感非常明显，将产品的清雅、纯洁感呈现得非常到位。可以说，这是一款既考虑保护性，也不损审美性的包装作品。

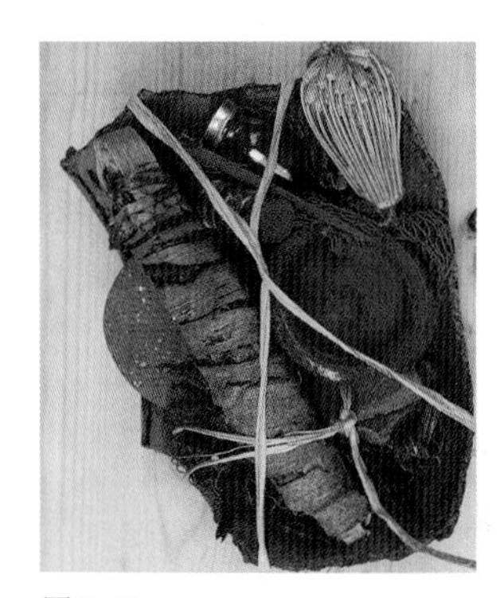

图2-5

这款调味料的包装为了凸显其『来自天然』的主诉求，几乎完全使用天然的材料和最朴实的手法进行包装，通过独特的视觉形象将消费者直接带入其所营造的消费观念中。

四、包装与商品诉求

1. 商品诉求

诉求是通过某种媒介向目标受众进行“诉说”，以求达到所期望的反应。诉求分三类：理性诉求、感性诉求和道义诉求。

商品的诉求是借由商品本体、商品包装以及各类广告手段向目标受众传递其本体信息以及超越本体价值的信息，传递商品给予目标受众的使用承诺，期望目标受众能够成为该商品的消费者、享用者。

商品包装是商品诉求的媒介之一，也是与商品关系最为密切的诉求媒介，并承担着诉求媒介之外的诸多功能。从诉求媒介的角度看，包装的设计语言应该具有明确的说明性、强烈的感染力和有效的说服力。

2. 理清诉求点

在接受了包装设计的任务之后，首要的工作就是理清商品的诉求点，理清包装需要承担的诉求任务，避免盲目的感性设计。在一般情况下，商品的诉求点可能包括以下一些方面：

（1）新产品形象塑造，引导消费新理念

这类商品在功能上、在使用方式上或在样式等方面并非消费者所熟悉，需要寻找合适的宣传角度，并加强宣传的力度，让消费者了解、认知、认可。那么，那些所谓的新概念要作为信息传达的重点，在其包装设计中要特别加以强调。

（2）塑造独特的品牌形象，强化品牌认知

这类商品的诉求重点是其品牌形象的推广，需要通过包装将商品的品牌形象进行强化、凸显，在包装设计上以表现品牌形象为主要任务。在设计中要着力营造突出品牌图形的氛围，可以采用如给予其重要的位置、有效的衬托、大胆的装饰等手法。

（3）旧有产品的新拓展，更新产品性能

一些产品在品牌或功能上已经形成了市场影响，并有着一定的消费群体，在其扩大品牌印象或推出新品种、提升产品性能时，在包装的设计上要与以前的设计在一些方面进行联系，又要在另一方面加以区别，这是一种承前启后的设计，并受制于以前包装的样式制约。

（4）针对确定消费群，单纯强调产品功能

一些品牌印象固定或不具备品牌竞争环境的产品，在包装上不需要特别依赖品牌的影响力，在销售中注重产品的功能性，并有着很确切的消费群体，在包装的设计中，强调产品的强力或特别的性能就成为了表现重点。如去屑洗发液的去屑功能对于重视形象的青年男性很有吸引力，在包装中需要突出地表现。

（5）使用价格竞争策略，吸引消费者兴趣

在竞争激烈的情况下，销售策略会紧密配合产品特点，在价格方面采取措施是很重要的竞争手段，如低价促销、加量不加价、附带赠品等都是以价格优势取胜的策略。在包装设计中这些性价比信息就成为了表现重点。

（6）强化独特的视觉形象，提升货架效应

货架是一个商品比拼的舞台，在同质化的时代，绝大多数商品在质量上都没有明显的差别，在没有品牌偏好的前提下，选择在视觉上具有个性的包装，成为选择商品的一个重要因素，强化视觉的诱惑力在同质化的商品间成为提升竞争力的有力手段。在这种前提下，消费者的购买决定，会通过在货架上商品间的比照对应来确认。此时，审美水平的成熟度成为同质化商品间优胜劣汰的重要砝码。

……

上述诉求点是在商品销售中所常见的，不同的商品其诉求点会有所不同，有些商品会有多个诉求点，在理清诉求点时必须分清诉求点的主次关系，多个诉求点不可能都成为第一视觉要素，主次不分会造成诉求不明确而导致失去目标性、降低竞争力的后果。

通过对商品诉求的确认，可以有重点、有目标地进行视觉设计。因此，包装设计是有着明确限定条件的设计任务，优秀的设计师应在这些前提下，更加深入地了解消费者的真正需求，提供满足消费心理、使用方便等层面的商品包装设计作品，从而通过包装获得产品性能以外的商业价值。

五、包装与商业模式

产品在销售环节处于什么样的环境，对包装的结构、视觉样式、体量等方面的设计至关重要。同一个产品，有可能出现在不同模式的商业环境中，那么就要考虑其包装应具备多个应对方案。

例如，需要进入超市、量贩店、大卖场的商品包装，在体量上不能过小，在造型上也许要考虑挂钩等特殊结构，更要考虑在嘈杂的环境中与相邻的其他同类商品的竞争性因素；进入百货公司的商品包装，由于场地宽阔，有机会形成较大的摆放造型，可以考虑包装表面装饰的连续性效果等；进入专卖店的商品包装，要通过结构或视觉样式明确区分同品牌下性质不同的商品，防止误取、误用的情况发生；直邮、直销产品包装，不用考虑货架上与同类商品的竞争关系，设计的重点就会从吸引力转移到功能的满足上来。

进入超市的蔬菜包装属于即用即扔型，不能太复杂。图中使用了透明的薄型塑胶盒，蔬菜的外观质量一览无余，在一个小型不干胶纸贴上将产品的信息以及供收银系统检测的条形码呈现其上，简洁、干净、直观。

图2-6

六、包装与品牌形象

品牌是浓缩的形象或印象。品牌拥有者可以是企业、产品（商品）、服务、活动、会议、团体、个人等，品牌包含着名称、图形、文字、色彩等属性，是认知、声誉、历史、品质、从属等综合性信息的载体，是以无形资产的状态出现的，具有承诺性。

商品品牌是商品给予消费者的综合印象，通常以商标作为其视觉形象出现。品牌地位影响包装设计的定位，包装设计也会为商品品牌增加正面或负面的印象。

有着良好品牌知名度的商品，不借助精美的包装也有可能拥有良好的销售业绩，因为这类品牌是被追随的，而不是通过货架中的对比来进行消费心理影响的。一些著名品牌平淡无奇的包装设计，也会被消费者认为是具有亲和力的，所谓爱屋及乌。然而，粗劣的包装是危险的，它会给品牌减分，降低品牌的信誉度、信任度。

图2-7

图2-7所示的系列产品包装中，非常明确地突出了产品的品牌图形，将其作为包装主要的装饰要素。这种设计方法适合大众熟知的产品，将视觉传达重点放在产品的品牌识别上。

图2-8

在图中所示的酒的纸质外包装中，将品牌图形放在瓶腹部面积最大的位置上，并使用了蓝白对比的色彩将品牌显眼地突出来，形成凝聚视觉的中心形象，其余部分大量使用与品牌图形背景一致的蓝色小圆点进行装饰，整体效果非常亲切、自然、舒爽，设计目标显然是以品牌样式和品牌风格的突出为主。

七、包装与企业形象

企业形象是商品生产者或拥有者给予消费者的综合印象，一般会通过多种渠道进行形象的信息传递。商品形象也是企业形象的传递途径之一，是与消费者接触密切的企业形象传递者之一。

企业形象寻求统一化、一致性的信息传递特点，其视觉系统必然要高举Identity（同一的）的大旗，包装设计必须要在已经建立起来的视觉系统的形式追求下进行创作，以满足企业整体形象为前提，塑造具有独特企业形象特点的独特的商品形象。

企业形象的另外一个表现角度是企业的各种主题型宣传活动，配合这些主题型活动，在一些包装设计上会有所反映，如图2-9和图2-10所示。

图2-9

图2-10

图2-9和图2-10都是百事可乐的包装罐，与常见的包装在平面装饰上有所不同。这些包装罐都是因企业的一些特别活动而设计的具有纪念意义的收藏罐，此时包装也是企业形象宣传的一个重要途径。图2-9是百事可乐公司在泰国举行的一次足球赛事的纪念罐，图2-10是百事可乐公司在菲律宾举行的一次音乐会的纪念罐。

八、包装与附加值

包装设计在以销售为主的时代，不能只考虑其匹配的材质、合理的成本。根据商品的诉求特点，一些包装在满足了包装的保存、运输功能外，为了达到特殊的销售目的，可以通过设计手

图2-11

图2-12

图2-11和图2-12所示的是一款表的包装，这套包装显然属于礼品型包装。造型的层次丰富、结构繁复，呈现出赠送的诚意和敬意；在表面装饰上只反映出品牌标志图形和简单的手写广告语，明示所赠礼品的品质所属。这种通过包装将商品礼品化的设计，是典型的追求商品本体以外价值的做法。

段增加新的价值及追求超越商品本体以外的高价值。

例如，礼品包装设计可以将普通的商品通过特别的设计，附加上赠送的诚意和敬意，使价格获得提升，此时包装本身便产生了附加价值；同一个产品，在包装的精致程度上采用不同的设计，可以在销售中给出不同的价格定位，分别提供给不同层次的消费者选择同一个商品的理由，此时高价格的精致包装满足了部分消费者对于高品质生活的追求，而简易包装则从销量上获得效益；一些包装，在完成了包装的基本功能后，还可以继续使用，如桶装饼干在吃完后，还可以盛装平时购买的散装饼干，这类包装虽然属于零废弃的设计，但其包装使得销售价格比起散装商品高出许多。

中国这些年来在月饼的包装上由于追求超出本体过高的附加值，使得寓意美好的传统食品变了味，几乎成了人们口诛笔伐的过街老鼠，这种畸形的商业追求，甚至引发了政府对其的干预，实在是一个附加值追求的极端反例。

恪守包装本质追求的设计原则并不等于不可以追求包装所带来的附加值，是否追求包装带来的商品附加值，追求怎样的附加值，应该从商品初始的诉求中来确定。只要有包装，就必然具有附加值，区别只是在于其附加值的高低不同罢了。一味地追求高附加值，可能会适得其反，但不承认附加值的价值，包装设计本身存在的意义也就不存在了。

小结

请注意回顾以下一些重点内容，这些内容对于学习包装设计至关重要。

同时，依照下列思考题的内容进行简要回答。

本章重点

1. 包装与产品的关系。

2. 包装设计与成本控制。

3. 包装与材料的关系。

4. 包装的诉求及其与商业模式的关系。

5. 包装与产品品牌和企业品牌的关系。

6. 包装与附加值。

思考题

1. 在包装设计中应关注产品的哪些特性？

2. 包装中材料的选用应注意哪些方面？

3. 在包装设计中为什么要注意商业模式？

4. 包装的附加值是如何产生的？

一、包装总体策划

1．了解产品定位

（1）诉求主体

包装设计工作面临的不一定是新产品上市的前提。因此，应从产品的营销计划中充分了解产品状态，才能明确产品包装的未来走向。一般情况下，产品的推出有以下一些可能性：

1）新品牌

产品已经形成了市场认知，但品牌为新面貌的情况，宣传重点在于品牌形象的推出。在设计中要努力与同类产品的其他品牌在视觉形象上进行差异化处理，形成具有个性的、新的包装形象。

2）新产品

市场对此产品没有形成认知，而品牌却是大家熟知的，宣传的侧重点就在于是某某品牌推出了新概念的产品，而这一新概念是表现的重点，但不能忽略了原品牌在市场上所形成的视觉印象。

3）新品牌、新产品

市场对该产品以及品牌都没有形成认知度，宣传的重点有两个，一个是产品的概念，一个是品牌的形象，在设计中要有所侧重，齐步推进，主诉求不明，会降低信息传递效果。

4）旧产品新概念

旧产品增加新概念有多种情况，如改换包装、增加分量、附带赠品、细分产品市场、调整产品款型或配方、降价促销、搭配销售、增加趣味性或视觉冲击力、礼品包装等。

（2）市场定位

图3-1

图3-1中的饮品包装风格具有东方的传统风格，与新时代设计形式的流行趋势有一定的距离，其销售策略的定位重点显然是保持老的品牌形象，体现品牌的历史价值感。

劳动制品的生产目的是为了“满足消费者的需要”，这一点是毋庸置疑的。为了能够恰到好处地满足消费者的需求，在产品制造之前需要对销售对象、产品性能、销售模式、销售区域、销售价位、产品包装、广告方略等方面进行明确的定位，形成精确的销售目标，产品的生产、宣传才能不盲目，才能够获得预期的利益。

例如，某品牌洗衣粉的目标消费者是年轻的职业女性，她们有着独立的生活空间。产品定位为

图3-2

图3-3

图3-2中的饮品包装具有典型的西方化传统风格，与新时代设计的形式感也有一定的距离，其销售策略的定位重点则是在凸显产品的天然性、地域性，体现品牌纯朴感的追求。

图3-3中的饮品包装从包装造型以及色调、瓶签形式、装饰风格等方面，充分体现了其销售策略的定位重点是在对于时代感、时尚性甚至是个性化的追求上。

“物美、价廉、物超所值”。“物美”在于作为机洗洗衣粉，除垢能力强、附带微香的柔顺剂、无伤害、易漂洗、省水省时、能够达成手洗效果等；“价廉”在于价格适中，不攀高价、不就低价；“物超所值”则在于功效多且便利、价不高但视觉形象时尚感强，在满足年轻职业女性对生活品质的追求时，也顾及其经济承受能力。此时，产品的包装上就被圈定在一个特定的范围之内了。

（3）竞争状态

同类产品是以怎样的产品性能、销售定位确定其地位的呢？在产品策划之时，这个问题就应该被调查清楚了。所推出的产品，在市场中应挤占怎样的空间是该产品市场定位的一个重要依据。对于包装设计来讲，所有竞争品牌的包装样式、特点，都是将本产品的包装设计推向更具体的方案的助力。

2. 拟定包装策略

根据产品的定位以及对销售市场的了解，便可以拟定针对产品的、相应的包装策略。这些策略将直接影响包装设计的方向。包装策略的拟定，可以站在不同的角度进行考虑：

（1）从经济的角度

1）实惠型包装策略

一些可以长期存放，属于常备型的产品，可以使用较大分量或体量的包装。如25公斤装大米、20枚装卷纸等。这种包装在单价上会低于小分量包装，对于购买者而言非常实惠。

2）经济型包装策略

有些附带器皿的包装，在使用完内容物后，器皿仍然完好，且在购买时已经付出了费用，对此情况，可以增加一些配合器皿容量的袋装型的经济包装，价格略低于器皿型包装，购买后可以装入原先已空出的器皿中进行使用。许多洗涤剂就采用此种包装策略，可以为消费者节省一些开支。

3）礼品型包装策略

如果是馈赠型的产品，则可以采用式样精美的高成本包装方案，用以附加郑重、尊重或友好的态度。

（2）从使用的角度

1）便利型包装策略

为了便于出行或一次性使用，可以为产品设计少量的包装方案，如旅行装、酒店装洗漱用品的包装大多为一次性用量的包装，方便消费者携带或酒店配发。

图3-4

图3-4中的土豆包装采用的是实惠型大包装，可作为饭店的大使用量或家庭的储备型包装。

图3-5

图3-5是一款精致的礼品包装，结构细致、装饰精致、材料上好，对食品保护有加，形式隆重。

2）单体型包装策略

单体型包装满足少量的消费需求。这类包装大多以常规计量单位的整数数量为单体剂量进行包装，如1公升的啤酒、500克的食盐、250毫升的牛奶等；或以常态的使用量进行包装，如1双袜子、1个疗程的药品、1支牙刷。

3）集合型包装策略

1打啤酒、1箱牛奶、2双袜子均属于集合型包装。当有大消费量的需要时，一次性购买集合型的包装，既可以提高效率，也可以节省开支。这类包装大多是以相同的产品、相同的体量为前提的。

图3-6

图3-6中可以看到同一产品的单体型包装和集合型包装的处理方法。单体包装采用的是马口铁罐装，集合包装采用厚纸板包裹，6罐1件。

（3）从环保的角度

1）绿色型包装策略

一些有着良好诉求的产品，希望在其从生产到消费的各个环节均倡导良好的消费理念，在对产品的包装上也会增加环保意识，如采用再生材料、可降解材料、无污染材料或采取减少包装或工艺环节等策略，使包装的绿色成分明显突出。

2）循环型包装策略

此类包装可以在完成了运输、保存的功能后，重新回到产品身边，再次履行包装功能，如商品的周转箱、啤酒瓶、玻璃的碳酸饮料瓶等都可以再次使用。

3）复用型包装策略这类包装在完成了运输、保存的功能后，可以转作他用，如精美的饼干筒、茶叶罐等，往往再次成为食品的储存器。

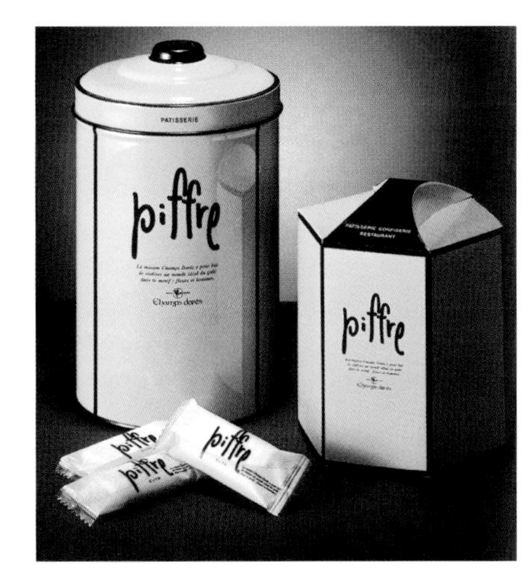

图3-7

图3-7中带盖的金属筒的开启方式设计为可重复开启的结构，因此在此商品使用完后，这个包装罐可以作为盛装其他产品的器物，属于复用型包装。

（4）从销售的角度

1）系列型包装策略

如果是系列型产品，在包装设计中就应该紧密配合其销售策略进行关联性设计，将产品系列通过包装形成具有统一性的整体效果。系列型包装是以每个产品的单体包装为主，每个产品的包装在外观或装饰方案上有非常一致的样貌，例如全套的皮肤护理产品，需要体现全面的护理理念，多个产品包装从外观上应塑造出相互关联的视觉样式。

2）组合型包装策略

在同一个消费理念下的一组产品的集合式包装，如系列产品的组合、成套产品的组合等。在市场上经常可以看到红酒与酒具的组合包装、多头餐具的组合包装、全套童装的组合包装等。

3）展示型包装策略

为了配合商品的销售，一些产品在包装时特别增加一些展示的结构，在进入卖场后将其结构展开，并通过其独特的造型宣传商品，吸引消费者的注意力，为商品销售增加一份助力。

4）附赠品型包装策略

在以往的包装外，额外增加一个包装，作为该产品的附赠内容，吸引消费者购买。这类包装所包装之物，有可能是少量的同类产品，也有可能是与其配合的其他产品。

有些附赠品的包装是在原包装的基础上增加包装体积，将附赠物与产品整体包装，在外包装上特别加以说明，如“加量不加价”、“内有惊喜奉送”等都属于此类包装策略。

图3-8

图3-8是一款多件产品的系列型包装，此产品系列通过统一的包装材料和装饰手法形成具有整体感、一致感的效果。

图3-9

图3-9所示也是一款多件产品的系列型包装。由于每种产品的性质和使用方式有所不同，如容量的多少和取用方式有一定的区别。在设计中通过色彩、装饰手法，同时通过采用同一种容器材料对整个包装系列进行统一感处理，清晰地阐明了产品的系列关系。

图3-10所示的是为葡萄售卖配合的销售型包装。这是一个运输纸盒，在完成储运任务后，通过适当的折合形成一个简单的卖场展示结构。在展示结构中设计有产品的各种信息，并通过独特的造型衬托和宣传商品，为商品形成一个良好的销售环境，从而吸引消费者的注意力，为商品销售提供了一份助力。

图3-10

3．确立包装主题

在了解产品定位，并拟定了相应的包装策略后，就可以在上述那些特定的条件下确立包装的表现主题了。

包装主题是简明扼要的包装设计目标，是对产品定位以及包装策略的广告语式的文字性概括，是包装设计过程中应该始终依赖的引航标。包装的主题，往往也是该产品在新推出时的宣传主题。

在这里，我们借助上海文艺出版社2001年11月出版的《世界经典设计50例——产品包装》[斯达福德•科里夫（澳）著]一书中，葡萄酒“蜿蜒的莱茵河”（Bend in the river）以及“雷明顿”（Remington）电动剃须刀两个产品包装的创意过程，对包装主题进行诠释。

（1）葡萄酒“蜿蜒的莱茵河”

“蜿蜒的莱茵河”的前身是一种装在蓝色瓶子中的雪利酒，其销量不佳的原因是受一些来自世界各地的新口味、新包装的酒的冲击。因对销售现状极为不满，新成立的公司决定通过改变包装样式，对其进行产品形象重塑。

“蜿蜒的莱茵河”这个听起来并不像商品品牌的词汇，成为了新的产品品牌，包装设计就在这一极具创意的品名下展开了。“蜿蜒的莱茵河”在整个包装设计活动中，不仅是一个酒的品牌，更是一个至始至终被追随的包装主题。它提示设计者要“创造一个新的、现代的、国际性的德国葡萄酒品牌”。在设计中，设计负责人约翰•布莱克本极力主张创造，而不要模仿，希望通过

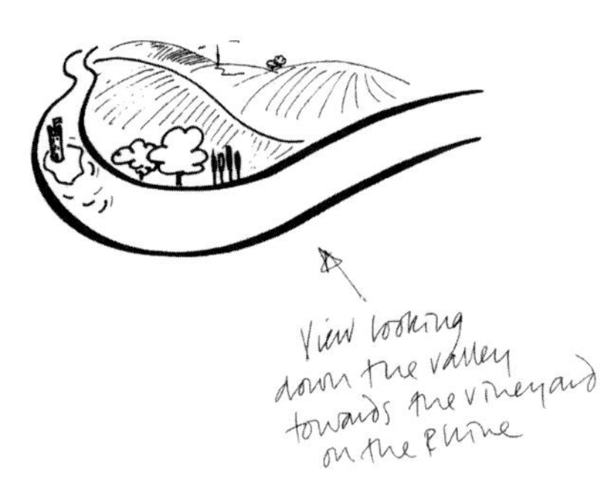

图3-11

图3-12

图3-11是瓶子上装饰图形的构思草图。图3-12是完成了的“蜿蜒的莱茵河”的包装。

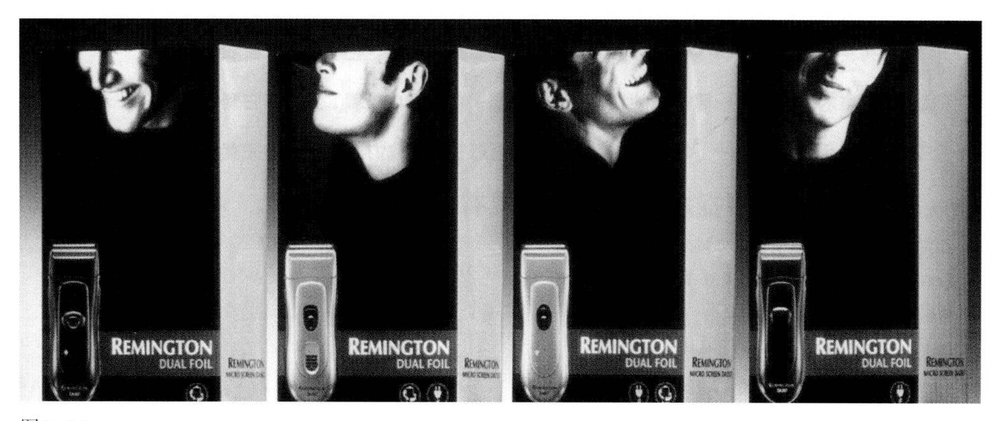

图3-13

图3-13是完成后的“雷明顿男子汉”系列产品的包装盒。

“让玻璃瓶的造型富有新意和吸引力”，而“使顾客愿意把它从货架上拿下来买回家”。

最终，这个瓶子以比其他德国葡萄酒瓶子略高一些的优雅造型样式，好似挺立在橘树林里的冷杉般的状态完成了。瓶子上流动感的抽象图形来自于对于莱茵河的象征性表现。如图3-11、12所示。

（2）“雷明顿”电动剃须刀

“雷明顿”的销售对象被定位于16—30岁的青年男性，是一个由三种型号、多种款型组成的系列电动剃须刀产品。

包装策略拟定为“强大的系列包装，而不是三个独立的分支”，产品应传递时尚信息，从视觉上体现“雷明顿男子汉”的品牌特点。由于产品没有任何在技术上领先于他人的竞争优势，因此只能从包装的创意上进行挖潜。最终，将宣传重点从“强调剃须功能转向强调剃须的情感内涵”。利益点则放在“让你觉得舒服，看上去精神抖擞；为你节省时间，可以从容面对生活”、“内心觉得舒适，外表看上去精神”。因此，包装的主题最终被凝聚在“无忧无虑剃须，从从容容生活”这句简洁明确的表述上。在此基础上，设计方案是通过从包装盒上的视觉表现进行突破，从而体现主题的。

完成的包装盒上，以凸显人物下巴形象的、16—30岁间表情自然的青年男性形象为视觉凝聚点，通过大方、简洁、对比性较强的形式进行编排处理，使其系列包装放置在货架上时构成一种强烈的“家族”感。如图3-13所示。

二、包装形式定位

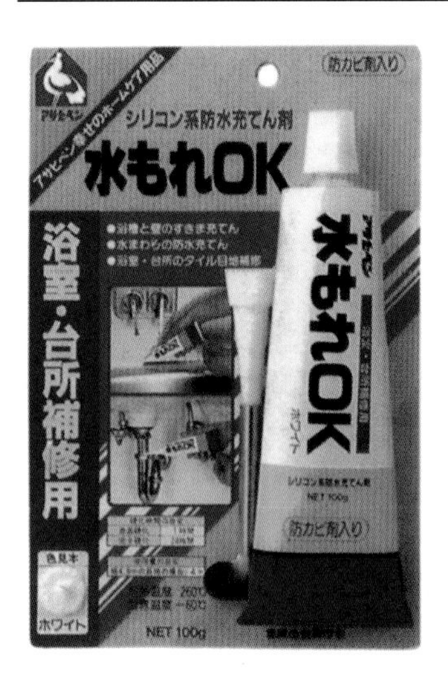

图3-14

进入超市进行销售的商品，其包装设计必须考虑展示性与摆放的合理性等方面的需要。图3-14是一款胶合剂的包装，采用全透明的背板衬托式包装，产品一目了然。挂钩的挂口设计在背板上，并利用背板进行产品性能介绍，非常符合超市销售的特点。

包装的整体策划使得包装的形式被圈定在一定的观念范围内，这种限定对实现销售目标是具有意义的，它是通过宏观角度建立微观指导的科学性的策划。因此，根据包装的整体策划，包装的形式定位就有据可依了。

1．深挖主题

从上一节内容中可以看到，在包装主题确立的背后，深埋着大量的对包装形式探索的具体工作以及对包装形式未来走向的深入分析。所谓的深挖主题，就是要提倡在对包装形式进行定位之前，应认真研究包装主题的确立成因，从而领会包装主题的深刻内涵，为包装形式准确而合理的定位打好基础。

2．形式定位

包装的形式定位应从以下三个层面顺序展开：

（1）造型定位

先从保护、存储的角度展开，如散装物是选择容器造型还是袋装造型，将以怎样的分量或体积进行分装等。

再从运输、携带的角度考虑，如把手的处理位置、是否考虑吊挂的结构等。

最后从展示、促销的角度确定该包装造型是否需要展示的结构，是通过一定的处理在包装本体上形成展示样式，还是附带另外的展示结构。造型定位并非造型设计环节，一般来说只要圈定一个适当的范围即可，在设计的环节上再进行具体的样式、样貌探索。

（2）材料定位

容器可以是玻璃、塑胶、陶瓷、金属等材料，包装袋可以是塑胶、纸、铝箔等材料。选择材料的原则一是要满足盛装物本身的特殊要求，二是要依据包装主题所确立的销售方向，三是要注意环保性能，四是要考虑成本控制。

（3）装饰定位

包装的装饰是影响购买心理的主导因素，也

图3-15

图中所示的生抽包装是同一种产品采用两款不同材料的包装，材料定位是依据容量和使用方式进行确定的。如玻璃瓶装生抽可以作为厨房的直接使用包装，防火、耐热，体积和粗细适合人手握持，包装成本稍高些，可重复使用；而塑胶瓶子容积较大，购买后可灌入玻璃瓶后使用，不适合直接使用。

图3-16

图3-17

是形式定位中的最后环节，它以平面视觉的语言形式充分表达商品诉求，通过强烈的、清新的、优雅的、震撼的、活泼的等不同的风格样式感染消费者，诱发其购买欲望。

装饰定位的原则是以消费对象的需求特征为前提，准确传达商品信息、包装主题，在与同类产品的竞争中具有独特的风格追求。

例如，麒麟牌淡丽生啤酒的集合式包装的纸壳外观装饰形式，直接采用内装的单体包装图片，并以其集合的排列方式进行画面处理，使内外信息保持一致。这是一种单纯的装饰语言定位，非常巧妙地直接述说了商品形象。如图3-16、17所示。

三、包装形式设计

在包装的形式定位完成后，就可以目标相当明确地进入到形式设计的工作环节中。该环节的工作重点包括：一要充分理解包装主题；二要在已经明确定位的前提下充分发挥想象力，旗帜鲜明地在包装造型、材料以及装饰环节上充分转述包装主题，为实现包装策划的目标处理好各个细节的关系。

1. 造型与材料设计

在已经确定的造型条件下，结合材料的选用，进行造型样式的各种效果挖掘，为能够准确地表达主题进行探索。

2. 平面的装饰设计

平面装饰的表达首先应该依据包装造型给予的环境，确定装饰的附着方式，如在包装造型上使用标签的方式、直接印制的方式、腐蚀或雕刻的方式等；其次要确定装饰设计所包含的必要信息；最后才是表达手法的形式探索。

3. 包装的成型处理

包装设计方案确定后，可以通过不同的手段，依据图纸效果进行实物成型。实体造型的逼真感，可以促成对设计方案的确认。

纸材包装方案的成型制作非常容易，一般可以很接近未来的真品效果。而容器造型多以木质模型或石膏模型进行模拟，并施以适当的效果处理，与未来的真品在材质感觉上会有一定的差异。此时，三维的计算机造型也可以作为实物成型的参考效果，也有通过高额费用制作真实造型的方法，这对大品牌或大批量产品的包装设计比较适宜。

图3-18

包装的设计思路和意图在完成之后会给人留下什么样的感受，必须通过成型处理来确认。如图3-18所示的是一个看似简单的包装结构，但通过采用高质量的纸张和使用凸版工艺所形成的凹纹，使得包装盒的品质显得非常精致、高雅。如果不进行成型处理，这种真实的质感很难被体会出来。当然，制作这种工艺的样品需要较多的费用，但如果不做出样品进行确认，将会冒很大的风险，大批量生产后的损失将会更大。

图3-19

图3-20

许多商品在销售时都会处于两图中所示的嘈杂的卖场环境中。包装设计是否能够吸引消费者的注意，很大程度上取决于商品的包装样式和装饰手法。在这两幅图中，分别有哪些商品吸引了你的视线？在没有阅读文字内容的前提下，你认为这些是什么类型的商品？

四、包装的测试

将包装的成型实物放置在卖场等真实的环境中，使其接受真正的市场考验。通过各种测试数据的搜集比对，检验该包装方案是否能够达成最初的包装策划目标，在竞争环境中是否具有优势。

通过观察、发放调研表格等方式搜集相关资料，获得感性和理性两个方面的测试结果，形成最终的测试结论。测试可以从以下一些方面展开调查：

•视觉测试——在众多的商品中是否被第一时间所关注。

•联想测试——看上去是什么类型的商品。

•距离测试——在有效范围内是否看得清楚主体信息，如商品名等。

•品牌印象测试——是否留下了品牌印象。

•关注该包装的人数比例。

•关注该包装的人群年龄、性别、职业等特点。

•关注该包装的理由。

•对该包装欣赏或不满的理由。

•对该包装的建议或希望。

……

经过包装测试之后，如存在较多的负面印象，必须认真地检讨设计方案，并重新进行设计方案的探索。

小结

请注意回顾以下一些重点内容，这些内容对于学习包装设计至关重要。

同时，依照下列思考题的内容进行简要回答，并根据实践题的要求进行市场调研。

本章重点

1. 包装总体策划所包括的环节。

2. 常用的包装策略。

3. 包装主题及其确立。

4. 包装的形式定位及其设计。

5. 包装的测试。

思考题

1. 包装的总体策划包括哪些环节？

2. 哪些包装策略是最常使用的？为什么？

实践题——市场调研

1. 选择一个商业环境，从中挑选一个你第一眼就关注到的商品，并回答下列问题：

（1）由于什么方面的原因使你被吸引？

（2）这些吸引你的原因是对销售有帮助的吗？是正面的信息吗？

（3）如果你正好需要这个商品，你会因为这个包装而购买或不购买它吗？为什么？

2. 参照图3-21所示的调研报告表格，自选某品牌下的商品包装进行调研和归纳，得出自己对于该商品包装的有关结论。

图3-21

“0000”品牌“XXXX”商品包装调研报告	
品牌名	0000
商品名	XXXX
品牌图形样式（摄影图片）	
包装造型（各角度的摄影图片）	
商品环境（摄影图片）	
造型特征说明	
材料运用说明	

（表格未完下页有续）

（接上页表格）

包装的装饰 语言特点说明	
包装的主题	
该商品的 销售定位	
该商品的 设计定位 （造型、材料、 设计手法等）	
你对该品牌商 品包装的综合 评价	

注：该表格可根据具体情况和需要进行尺寸和内容等方面的调整。

包装造型设计，包括对包装外部造型和内部结构的设计。在设计中，要追求内外造型关系的平衡、和谐、统一，同时要重视造型中所蕴含的风格及寓意的表达。另外，造型设计离不开对材料的选择、试验，甚至是创新式的表现。包装造型设计与材料运用是不可分割的，两者间的不同搭配关系可以形成各种不同的效果，风格和品质感也因此而不同。所以，在包装设计中除了要重视包装造型的塑造外，也应充分地重视造型与材料间的关系处理。

图中反映的是两种不同的封口方式。左边与右边的瓶子相比，封盖上增加了一层防护型的塑胶贴膜，既可以进一步保护产品，还能起到防盗的作用，这也是科学性体现的一个方面。

图4-1

一、造型设计与材料选用的原则

1．科学原则

包装造型设计的科学原则首先是保证自身的实用功能，如能够合理地盛装产品、保护产品和运输产品。

科学的原则还反映在包装结构设计的合理上，如矿泉水瓶身的凹凸线条，不仅仅是为了美观而设计的造型，在盛装了水之后，还能够起到加固塑料瓶身的牢固度、增加手握持的摩擦力等作用。再如，包装盒开启的结构既要便捷，还要安全牢固等等。

科学的原则还应反映在材料的环保性、材料运用的合理性等方面，如能够使用纸材的，不要使用玻璃、木材、金属等材料；可以使用塑胶等替代品的，不要使用玻璃等加工工艺成本过高的材料；减少印刷流程等。

曾几何时，当人们摒弃玻璃瓶，大量采用塑胶瓶时，是本着经济性原则的，但塑胶材料所带来的环保问题，又使我们不得不重新进行更加科学的选择。

2．经济原则

经济原则往往与科学原则分不开，如包装盒设计中的“一纸成型”原则就是在经济原则下的科学体现。因为要做到“一纸成型”，必然在其中要运用合理的思路，通过巧妙的结构处理，达成“一纸成型”的目的。如图4-2、3所示。

使用常见造型、常用材料也是出于对经济原则的考虑，那些容易获得的造型和材料可以节省不少包装的开支。如果要生产具有创新性的包装造型，如样式独特的容器等，需要为新模具付出

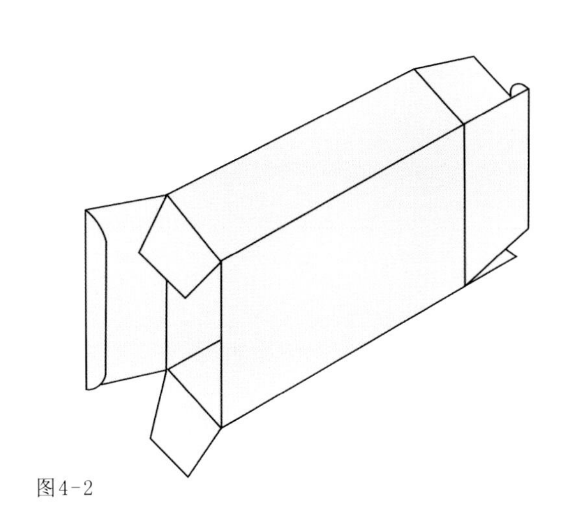

图4-2

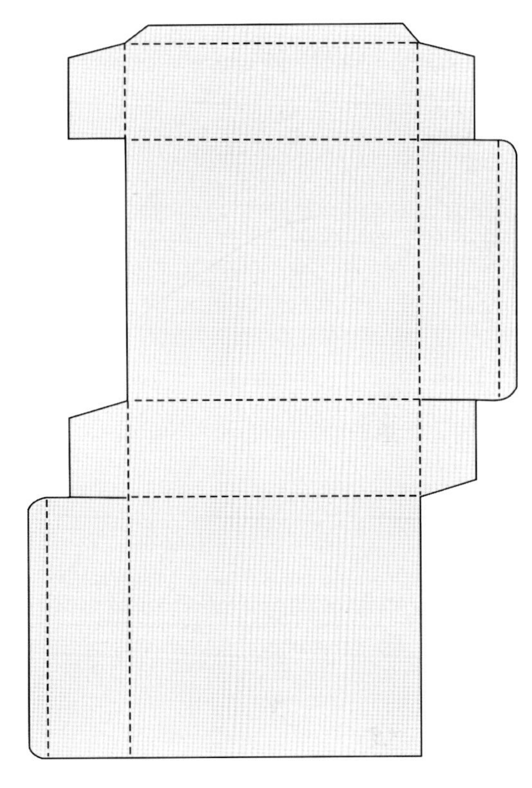

图4-3

很大的费用。因此，没有特别的需要，一般的原则是不要采用新的容器造型，而是在其表面装饰上进行深入挖潜，使其外观形象具有竞争力。

3．审美原则

包装的造型设计应该具有销售功能，因此其审美性、趣味性、展示性等都成为了在造型设计中应该追求的目标。审美的角度包括造型样式和材料质感两个方面。

审美是具有对象性的，不同年龄、不同性别、不同地区、不同种族的人，对于美的认识有所不同。在包装设计中，追求美的前提，是对美有着客观的认识和理解之下的，是在大量调研的基础之上，才能够做出准确判断的。

图4-2是一个常见的长方形的纸盒造型，图4-3所示的是该盒型的平面展开图。从图中可以清楚地看到这个盒子是在一张纸上就可以完成的，不需要拼接。虽然是立体的造型，但经过合理的设计，使其尽量在一张纸上完成造型，就是所谓的“一纸成型”原则。

二、造型与材料特性

1. 容器造型

容器的主要用途是包装液状、粉状、粒状、膏状等状态的物品。常见的器型样式包括瓶式、罐（筒、桶）式、管式、碗（杯）式、坛式结构等。常见材料包括玻璃、塑胶、金属、陶瓷、木材、纸等。由于容器的样式及材料种类较多，涉及的工艺较为复杂，所以在形态变化上有着非常丰富的可能性。因此，追求功能与形态的完美结合，必须要了解各种材料的不同性能以及塑造特点，掌握科学的设计方法和灵活的艺术技巧。

（1）形态与塑造

1）形态类别

瓶式造型从上到下一般分为四个大部分——头部、颈肩部、胸腹部、足底部，属于刚性包装。一般情况下容量不大，常见的多为1升至2升装。

罐（筒、桶）式造型一般是指从上到下粗细变化不大的容器式样，属于刚性包装。分为小型、中型、大型三类。小型包装罐（筒）多属于销售包装，容量不大；中型包装罐（桶）多用于原材料包装，属运输包装，容量适中，方便搬运；大型包装罐（桶）多属于存储型包装，容量较大，搬运不便，一般作为集中存放的容器。

管式造型一般用于包装膏状物品，通过挤压进行使用，属于韧性包装。大多数情况下呈现盖部朝下式的倒立状。

碗（杯）式结构可用于包装膏状或液状物品，形状似碗、杯，开口较大，多属于刚性包装。一般用于包装即食性食品。

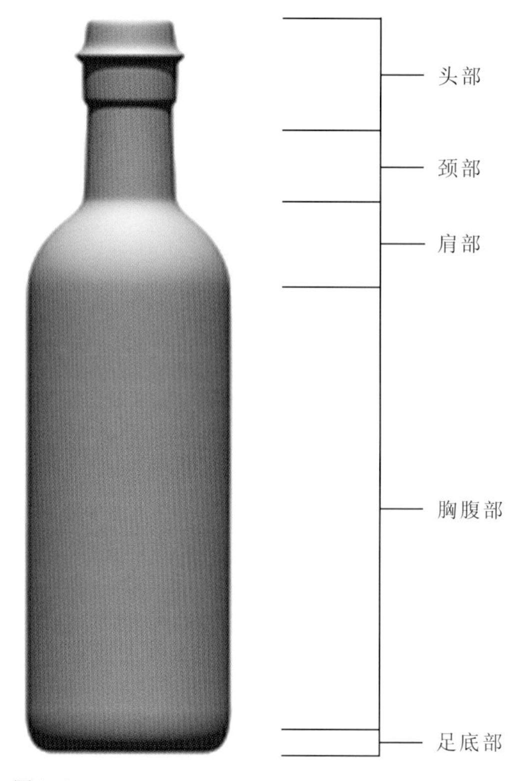

图4-4

图4-4是一个常见的端肩式的瓶式造型。颈部较短，胸腹部连为一体，足底部略有收缩。虽说瓶式造型一般分为四个大部分，但有时也会因造型变化将一些部分连为一体或明显区别出来。本图中颈肩部区别明显，胸腹部没有区别。

图4-5

图4-6

图4-7

图4-5、6、7均为罐式造型，上下粗细变化不明显，开启方式多样。图4-5为易拉式开启方式，图4-6为可重复开启方式。

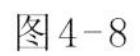
图4-8

图4-9

图4-10

图4-8、9、10是一些常见的管式造型，由于足底部一般较小或为捏合状，多为倒立放置或平放。

2）塑造方法

•几何形塑造

大多数容器造型都是从立体的几何造型发展而来的，通过对球体、圆柱体、圆锥体、立方体、长方体、方锥体六个基本的几何形体进行切割、组合、修饰后而形成的。仔细观察图中的容器造型不难发现，每个造型中都有将多个几何造型进行组合的影子，只是在几何造型的结合部位进行了适当的瓶式容器的变化，胸腹部一般采用直线，颈肩部采用长短、曲度不一的曲线，足底部采用较短的曲线与胸腹连接或与胸腹部完全平切。塑胶的矿泉水瓶在胸腹之间常塑造一些复杂的曲线变化，形成束腰的样式，可以形成牢固的结构，在使用时也便于把握。

管式容器造型一般呈现口圆、尾扁的样式，因此多以倒立状摆放。

罐（筒、桶）式结构虽然在横截面上没有太大变化，但也可以在口、足部进行一些细微的尺寸或曲线变化，在摆放时也有立式、卧式等方式，从而展现其对美的追求。

碗式容器由于身高较小，变化多呈现在上大、下小的尺寸变化上，也有一些在足底采用类似碗足部的曲线变化。

•模拟形塑造

模拟是容器造型在塑造时的一种手法，模仿的对象包括自然界的植物、人物、动物甚至人造的景物等，利用这些自然形态可以引发人们的美好联想。

模拟的手法包括象征性的模拟和象形性的

图4-11

图4-11中的瓶子塑造得极简练。颈部、胸腹部和瓶塞均为圆柱造型，平肩、平底，比例得当，是对几何形运用十分成功的作品。

图4-12

图4-12是比较常见的碗式造型，盛装即食性食品。在碗口的封盖边缘做了波线处理，象征着苹果的圆润感。

图4-13

图4-13是组玻璃容器，完全模仿动物造型进行瓶形塑造，形态逼真，属于象形性模仿，趣味性较强。

图4-14

图4-14中的容器造型模拟雪山造型，象形性的模拟惟妙惟肖。

模拟两种情况。象征性模拟追求神似的效果，取自然形的一些主要特征，传递这些特征所代表的意义；象形性模拟尽力地进行逼真性的模仿，使包装容器传递出同模仿形类似的生命活力和趣味性。

模拟形的手法一般为瓶式容器所采用。

•综合形塑造

在容器造型中将几何形与模拟形进行结合使用，在理性造型的基础上传递少许自然形的味道，美感油然而升。

•形态与性格

由于形态可以传递不同的性格，因此可以将包装设计的主题追求通过不同的容器造型样式进行反映。

容器造型的性格形成于其形体的外轮廓样式，例如胸腹部直线较长，并采用端肩样式的酒包装，其造型会给人一种庄严、大气之感；而溜肩造型，曲线弧度较小，直线与弧线自然过渡的酒包装，会给人一种清新、秀美的印象；颈项较短，胸腹较长的容器造型，则显得敦实、可爱……

（2）把手与封口

1）把手

在一些容量较大的器形上，需要把手的结构，帮助提携容器或倾倒包装物，是容器造型的一个特殊结构。在容器造型上增加把手结构的方法有两种，一种是在器形的结构之外，一种是在器形的结构之中。

在器形的结构之外的把手设计，应注意与器

图4-15

图4-16

图4-17

图4-15、16、17是几种容器的提手样式。有一体式的，图4-15所示；也有附加上去的，如图4-16、17所示。

形之间的协调关系。可以是与容器造型材料一致并一次成形的结构，也可以是单独制作并以合理方式相互嵌套或安装上去的样式。

对器形进行穿透式的切割处理，可以使把手形成于器形的结构之中，这样获得的把手造型与容器造型融为一体，线条流畅、整体感强，并且从不同角度观察其形态都会是较为完美的。

2）封口

容器的封口是实现包装功能的重要结构，为了使产品的质量、数量在使用之前获得保障，封口的处理至关重要。封口在容器造型中虽然所占体积较小，但其造型和材质的设计和选用也是容器整体效果的一个重要环节。常见的封口材料有软木塞、金属以及塑胶等。为了增加防盗性能或宣传效果，在封口之后，还有可能增加纸封、金属盖等封装结构。

（3）材料与特性

容器造型的主流材料包括玻璃、塑胶、金属、陶瓷、纸等，这些材料广泛应用于食品、药品、日用品、工业品等方面的包装。材料及其自身的质感也是具有情感因素的。在包装造型中，除了样式之外，材质也会对包装性格形成一定的影响。

1）玻璃容器

玻璃是制陶过程中的一个意外成果，主要原料为石英砂。玻璃是由石英砂配合其他化学原料在高温（摄氏1300度）下烧制后冷却而成的结晶体，具有质硬、抗磨损、高透光率、隔水、耐高温及抗腐等特性。由于其清洗、灭菌容易，常被用来反复使用。缺点是不耐冲击、易碎，这也是被塑料制品替代的一个原因。

在玻璃材质的容器上反映包装物信息的方法包括纸贴印刷、丝网印刷、喷砂、铸造、雕刻等。

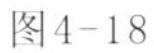
图4-18

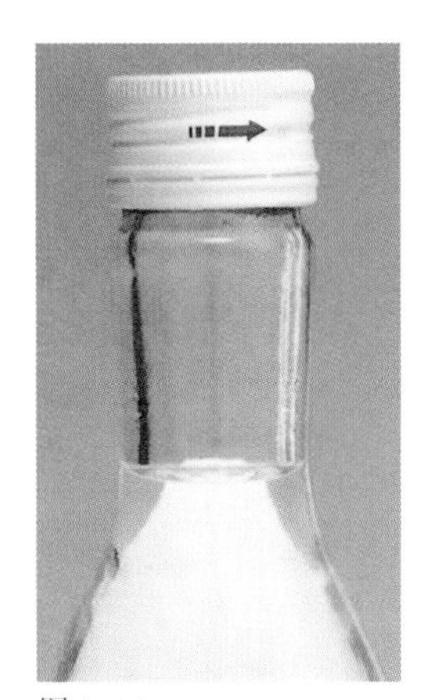
图4-19

图4-20

图4-21

图4-22

图4-23

图4-18至图4-23是几种常见的容器封口样式。这些封口方式的设计，需要与产品使用方式配合。

2）塑胶容器

塑胶原料的主要成分是树脂，通过增加各种辅助料或添加剂，在一定温度下可被模塑成一定的形状，并在一定条件下保持形状不变，具有质轻、隔水、高透光率等特性。由于其成本较低、可回收利用，目前被广泛使用在容器造型中。缺点是耐热、抗压力等性能较差。

在塑胶材质的容器上反映包装物信息的方法包括纸贴印刷、塑胶印刷、丝网印刷等。

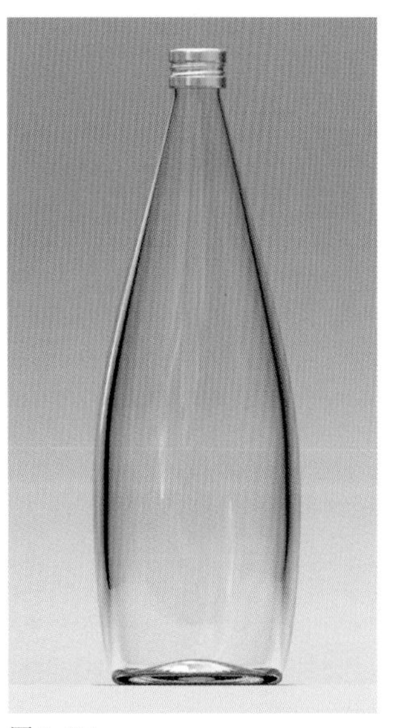

图4-24

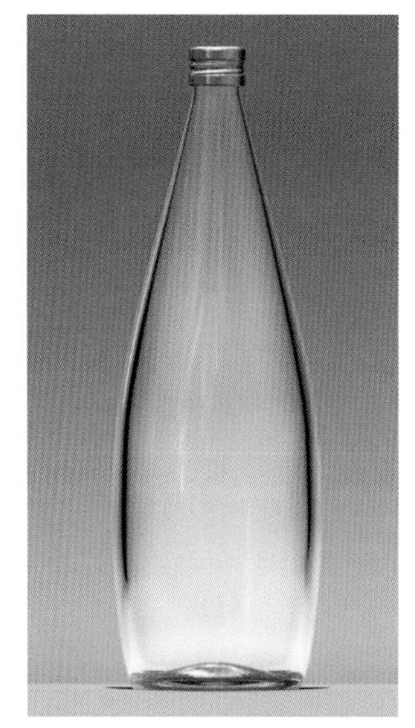

图4-25

图4-26

图4-24至图4-26是一组利用计算机3D技术制作的容器仿材质效果图，图4-24和图4-25为透明玻璃和仿磨砂玻璃效果两种情况。图4-26为仿不锈钢质感的效果。

3）金属容器

金属容器是指用金属薄板制造的薄壁包装容器。由于其具有较强的刚性，可塑性高，既可用于小型包装，也可用于大型包装。金属材料的阻隔性较好，防潮、遮光、保香性能都很强。另外，金属容器的密封性好，抗冲击力强，因此保护性较高。

金属容器常用的材料有马口铁、铝、铜等。马口铁和铜都可以通过焊接完成容器的封闭工艺。铝罐可制成无缝的罐身，但由于不能使用焊接工艺，只能采用冲压或粘合进行封口处理。

在金属材质的容器上反映包装物信息的方法包括纸贴印刷、直接印刷（有些金属材料需要一定的底面处理）等。

4）陶瓷容器

陶瓷是比较原始的容器材料，以黏土为主要原料，经配料、制坯、干燥、熔烧而成。陶瓷分为粗陶、精陶、半瓷、瓷器等，所形成的容器造型有缸式、坛式、罐式、瓶式等。

粗陶的原料属于砂质黏土，质粗、多孔、吸水性强、透气性能好，多用于不怕潮湿的固体类物品

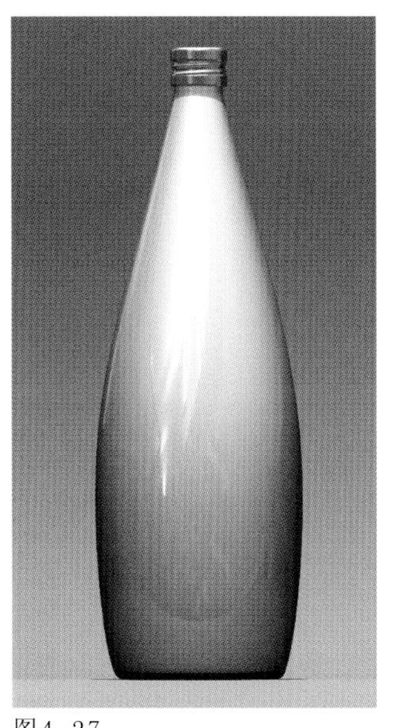
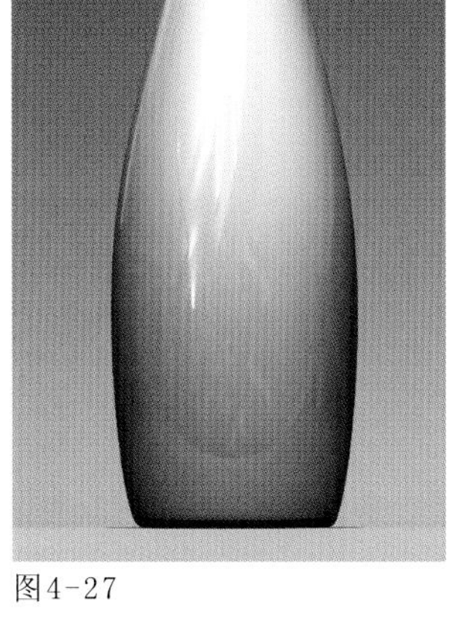

图4-27

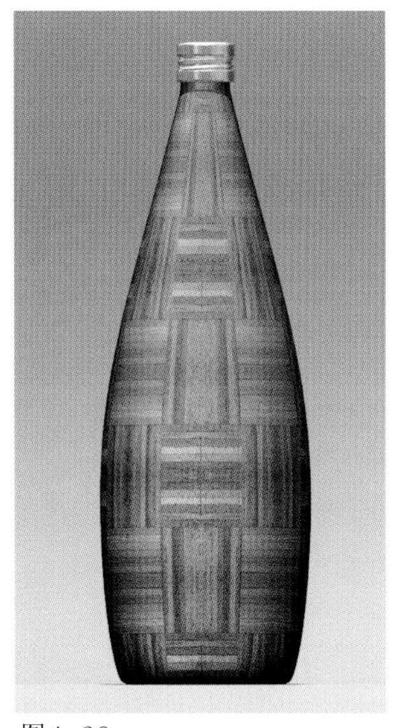
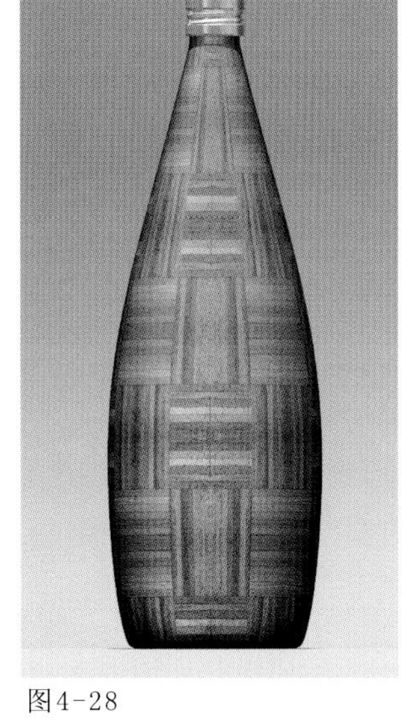

图4-28

图4-29

图4-27为仿陶瓷效果，图4-28为仿木材效果，图4-29为仿塑胶效果。

包装。缸式造型多为粗陶制成。

精陶的原料为黏土，较粗陶来讲，质地相对细腻，吸水性较小。一般用于坛式、罐式造型。

半瓷以陶土或瓷土为原料，质地较为细腻，几乎不吸水。一般用于坛式、罐式造型。

瓷器使用瓷土烧制，质地细腻、表面光滑，吸水性极低，隔离性能好，可用于液体包装。一般采用罐式、瓶式造型。

在陶瓷材质的容器上反映包装物信息的方法包括纸贴印刷、丝网印刷、喷制等。

5）材质性格

材质的性格对包装设计的主题表现影响较大。材质的性格与材料的色彩、光滑度、透明性、紧实度等外观特征密不可分，是通过这些质地特点反映其性格的，例如玻璃以其透明质地表现清新脱俗之感，以其磨砂质地表现朦胧的不可捉摸感，通过彩色玻璃张扬其活泼的性格；再如，陶瓷的性格存于陶与瓷的质地之间，粗陶朴实，具有怀旧感；细瓷娇贵，显得温文尔雅；精陶在朴实中追求品质感；半瓷在品质上显得大众化一些，特点不足等。

图4-30

纸盒造型在包装中运用得较为普遍。纸的可塑性极好，在设计中除了常见的几何造型外，还可以尝试多种样式，如拟形等手法。图4-30是一组灯管的系列纸盒包装设计作品，虽然尺寸大小不一，但结构方式没有什么变化，统一采用了立方体纸盒的造型样式。

2. 纸造型

纸造型的主要用途是包装固态物品，常见的样式有纸盒造型、纸袋造型、纸箱造型、纸筒（罐）造型等。常见的材料包括普通印刷用纸、卡片纸、箱板纸、瓦楞纸等。由于纸所具有的特殊的可塑性，使得纸包装造型的样式、结构变化非常多。同时，纸也是非常适合印刷的、非常经济的、适宜大批量生产的包装材料，因此，用途极为广泛。

（1）纸盒

纸盒多为几何造型，由于采用的纸张材料相对较厚，所形成的结构具有一定的抗压性，属于刚性与韧性之间的包装。纸盒的样式多为长方体形，但也不乏其他各种多面体造型样式。

纸盒的设计也可以使用拟形的手法，增加包装的趣味性、亲和力以及创新性。

1）纸盒的结构

纸盒的结构设计包括盒体与盒盖的关系、盒形的外观样式、折叠以及锁合方式等。纸盒一般分为固定型和折成型两类，包括有衬纸和无衬纸两种情况，有全封闭和开窗镂空之分，在盒身和锁定方式上也有多种处理手法。

•固定纸盒

固定纸盒是在生产完成后不能进行折叠，直接用于装盛物品的纸盒制品。一般用于高品质产品的包装，如高档成衣、酒、鞋、照相机、电器等。

•折成纸盒

折成纸盒是在生产中完成裁切、折痕处理，不进行成形处理，交由产品包装方将其折叠、粘贴后进行使用的纸品。折成后的纸盒需要进行粘合或锁合处理。这种类型的纸盒是最常见的包装方式。

图4-31所示的酒包装盒属于固定纸盒。由于需要精美的技术处理，所以在包装盒生产的环节就已经将纸盒进行固定，以保证最终的质量要求。

图4-31

图4-32虽然也是一款精美的酒包装盒，但却属于折成式纸盒。这个典型的六面立体盒形，是在包装酒瓶之前才折成盒形的。

图4-32

图4-33

图4-34

图4-33所示的一组纸盒外表看起来是一个简洁的几何形的方盒，但巧妙的是其盒盖和盒身的连接设计比较独特，合缝处位于盒体正面中线位置。大纸盒为双开结构，小纸盒为单开结构，并且不需要锁扣，由其结构形成自然封闭。

图4-34中纸盒造型的盒盖和盒身是分离结构，一方面增加盒体的精致程度，另一方面也可以增强盒体的刚性，抗冲击力更强。

图4-35

图4-35属于开窗式包装，将商品部分地裸露出来，对于卖相较好、诱人的食品是一种很生动的介绍方法。

图4-36

在图4-36所示的包装中，把一个面拿来做开窗处理，商品非常清晰地裸露出来。在纸盒的外面包裹了一层硬质的塑胶材料，既可以充当裸露一面的保护层，又可以通过透明的效果充分展示商品。这种开窗方式和材料组合方式在包装设计中较常见。

•开窗式纸盒

在纸盒上设计局部镂空的结构，结合一些透明材料，将产品部分地显露出来，方便消费者直观地辨别色彩、样式、质量等。

•盒盖与盒体

固定纸盒的盒盖与盒体存在两种方式，一种是分离式，一种是一体式，如鞋盒大多为分离式，而烟盒大多为一体式。折成纸盒的盒体与盒盖总是一体的，并且大多追求一纸成型的经济型结构。

•单墙与双墙

单墙纸盒是指盒身为单层纸的纸盒形式，这是最常见的纸盒结构方式。

双墙纸盒是指盒身为双层纸的纸盒形式，由于增加了盒壁的厚度，又将内外面和收口处处理得较完整，是美观和坚固兼具的纸盒结构方式。

图4-37

图4-38

图4-37中纸盒的盒盖与盒身为一体结构。这种盒盖造型被称为摇盖式结构，可反复开启。

图4-38中是一组蜡烛及香料的礼品包装。蜡烛包装盒采用的是盒盖与盒身分离的结构设计，将盒盖套在盒身上封合。

图4-39

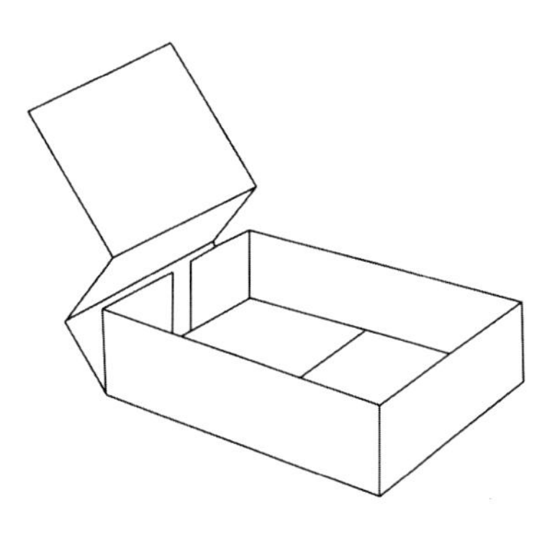

图4-40

图4-39是玻璃容器的组合包装，需要增加缓冲效果，因此采用了双墙式的纸盒结构。从图中可以清晰地看到除了盒身采用了双层处理，在每个瓶子中间也使用了双折的隔层处理。图4-40是对图4-39双墙结构的简单图示，这种结构不需要使用黏合剂，通过一定的结构处理以及结构间的摩擦进行固定。

图4-42

图4-41

图4-43

图4-41和图4-42所示的纸盒中都有一层衬纸结构，装饰效果更加精美。在图4-42中衬纸作了褶皱处理，增加了缓冲性能，可以更好地保护易碎商品。

为了方便携带，在纸盒上增加提手是一个不错的选择。从图4-43中可以看到纸盒提手结构的一种方式。

•衬袋

在纸盒内壁上附加一层衬袋材料，可以达到保香、防潮、保质或增加缓冲的作用。常用的衬袋材料包括普通薄纸、油纸、蜡纸、PE（polyethylene—聚乙烯的英文简称）、铝箔等。加有衬袋的纸盒适合于包装带有粉末、颗粒状的产品，如香烟、点心等。

•特殊结构

为纸盒加提手或附加倾倒口等，可以使包装的携带性或使用性更方便、更人性化，这在纸盒包装上不是新鲜的结构了，已经成为某种产品包装所必需的设计。根据不同的使用情况，在纸盒之上、纸盒之外可以进行多种尝试，通过结构创新，形成独特的纸盒样式，以满足不同的产品或

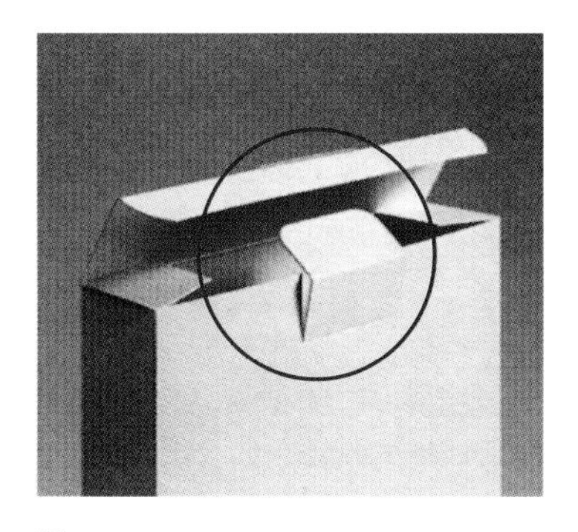

图4-44

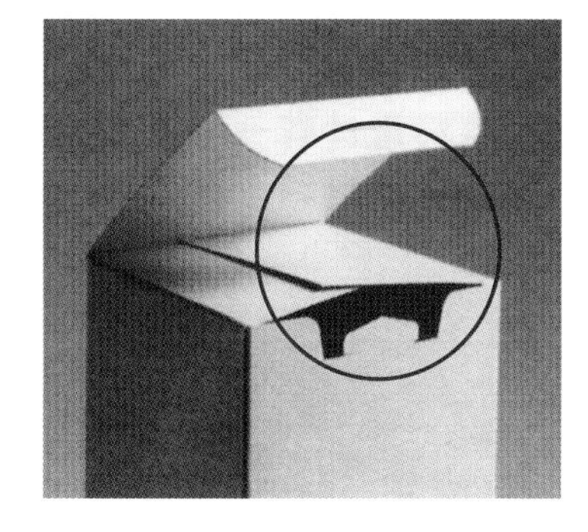

图4-45

两图是两种盒口锁定方式的案例。图中红圈范围内为自锁的结构样式。通过这样的结构处理，纸盒在关闭后形成自锁，不用粘接即可固定。

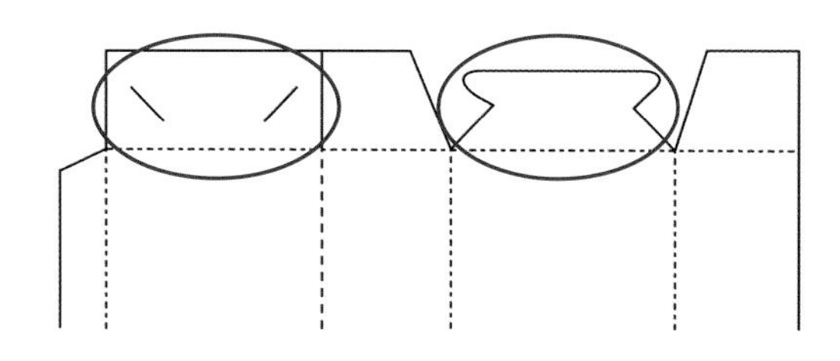

图4-46

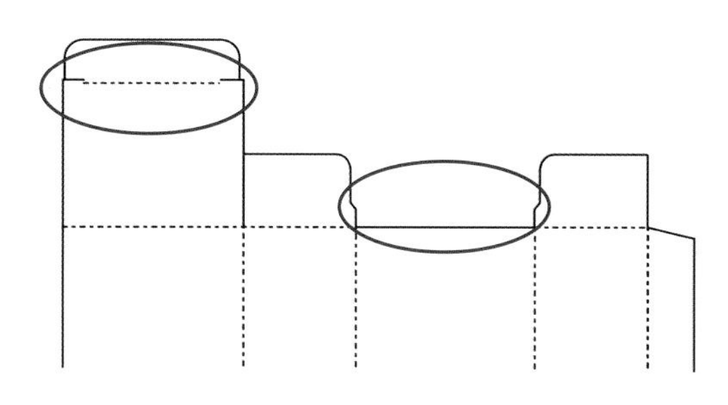

图4-47

图4-46和图4-47是另外两种纸盒自锁的平面图。从中可以看到自锁结构在平面状态下的结构关系。

宣传之需要。

2）纸盒的锁定

锁定方式一般是针对折成纸盒的，包括胶合和自锁两种方式。胶合是使用适合的黏合剂将盒体折成后进行粘合的方法。自锁方式不使用黏合剂，是通过一定的造型样式和裁切方式巧妙地穿插扣合后，使盒体成型，并保持其结构不因外力而轻易解体的方法。

在一个纸盒中可能同时使用上述两种锁定方式，也可能只使用自锁方式完成盒形的固定。胶合方式一般用于盒身的固定，自锁方式一般用于盒底的固定和盒盖的自锁。双墙式结构一般只使用自锁方式，盒身以自锁结构固定。

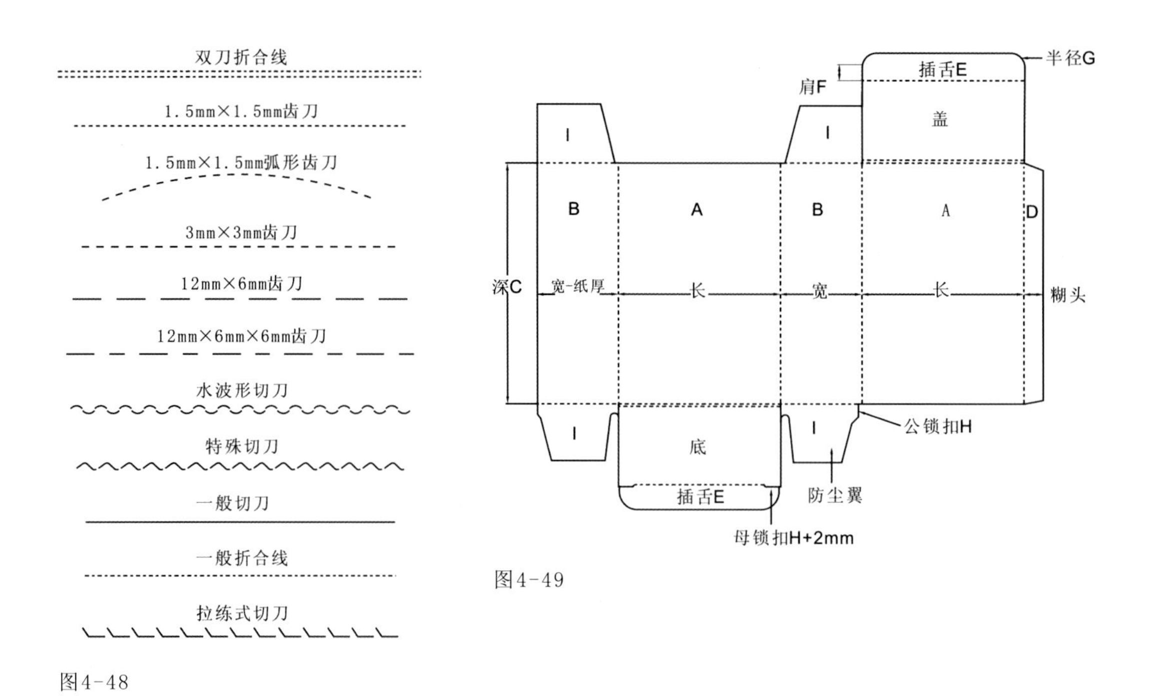

图4-49

图4-48

图4-48所示的是裁切以及折合线的一般表现方法。图4-49所示的是一个常见纸盒的平面展开图，图中的裁切线、折合线按照图4-48的标准进行标示。

3）纸盒的制图

从设计到完成纸盒成型，制作的主要流程包括图纸阶段、印刷阶段、成型阶段。这三个阶段是在不同的职业环境中完成的，图纸环节属于设计师的工作；印刷环节包括了印刷、切割和压痕处理，完成于印刷公司；成型往往是在产品生产的最后一个环节中才能实现。因此，为了保证设计意图能够在包装成型时正确地体现出来，纸盒的图纸绘制必须有统一的、规范的标示方法，在任何情况下，这些标示都能够在印刷、切割、压痕时被正确理解和处理。萧多皆先生在他编著的《纸盒包装设计指南》（辽宁美术出版社2003年9月出版）一书中介绍了各种纸盒平面图以及裁切、折合线的表现样式，具有一定的通用性。如图4-48、49所示。

图4-50

图4-51

图4-50是一个运输水果的纸箱，为了能够让新鲜的水果透气，在纸箱上制作了多个镂空的气孔。

图4-51所示的是使用牛皮纸制作的大米包装袋，与“天然”的商品诉求十分吻合。

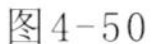

（2）纸箱

一般的纸箱采用抗震性能较好的瓦楞纸成型，体积较一般纸盒大许多，主要用于大型产品包装或运输型包装。纸箱多为立方体造型，便于码放和运输。箱体的锁定方式类似纸盒，但在盒身的结合处大多不采用胶合方法，而采用钉合方法，虽显粗糙，但作为大体型包装，牢固性更好。在箱盖处一般会使用胶带封合开启口，以防散开，也方便开启，同时专用的封口胶带可增加防盗性能。

（3）纸袋

纸袋是一种简洁的包装方式，分为封口式和敞口式两种形式。封口式纸袋一般为内装，直接包装产品，如面粉、水泥等；敞口式纸袋多属于外装，一般有提手设置，因此，携带琐碎物品非常方便，一般不直接接触产品。敞口式纸袋在包装中是尺寸相对商品最自由的一种样式。

常见的纸袋造型从底部样式分，有尖底袋、平底袋；从携带方式上分，有手提袋、信封袋、枕形袋等。

图4-52

图4-53

图4-54

图4-52、图53、图54所示的都是纸质手提包装袋造型。这些敞口纸袋在提手处都有加强处理，以增加牢固度。袋口和袋底的结构也不相同。

纸袋对于纸材的强度要求较高，一般采用韧性较好的牛皮纸或厚度较高的铜版纸作为纸袋材料。根据所包装的产品特性，在纸的内面或外面有可能需要增加覆膜、涂层等工艺手段，以确保纸袋的耐用性能和保护性能。

加有提手的敞口纸袋，在提手的安装部位，大多设计有加强性的结构，如双折边、双折边外加衬筋材料等，以保证其提拉的牢固性。

纸袋的封口或封底方式包括粘合和缝合两种。

（4）纸筒（罐）

纸筒（罐）是纸质容器，一般用于固态物品的包装。由于涂布技术的进步，在罐体内壁可以

图4-55

图4-55所示的是一款酒的个包装和内包装。内包装采用了圆形的纸筒造型，上下筒口均使用塑胶材料进行支撑和封合。

形成防止渗透的保护涂层，也有一些液态物品使用纸筒（罐）进行包装。纸筒（罐）的成型是依靠纸芯、瓦楞芯纸、纸筒芯、螺旋式纸筒芯等特殊纸材制作的。制作方式多为“螺旋式卷绕法”或“包合式卷绕法”。一般会制成圆柱状或方柱状筒（罐）体，并通过套盖或封盖进行封口处理。

（5）纸材及性能

1）印刷用纸

印刷用纸非常丰富，按用途可分为书刊用纸、报刊用纸、包装用纸、特种纸、证券纸等。

2）玻璃纸

玻璃纸的原料为棉浆、木浆等天然纤维，通过胶黏法制成薄膜。特点是透明、无毒、无味、隔离性能好，可通过热封技术进行封口。与普通的塑胶膜比较，玻璃纸不带静电、不自吸灰尘、易分解。常用于镂空型纸盒的窗口处，也常作为内装材料直接包装产品，尤其是食品。玻璃纸有无色透明的，也有彩色的。

3）牛皮纸

牛皮纸是一种机械强度很高的特殊纸张，大多以针叶树的木纤维，再加入胶料、染料等化学制剂来制成。由于这种纸一般为黄褐色，韧性较好，类似牛皮，所以俗称“牛皮纸”。一般用来制作水泥、农药、化肥、信封纸、纸袋及其他工业品的包装袋。有单光、双光、条纹、无纹等质地。除了黄褐色外，还可以生产各种彩色以及白色的牛皮纸。

4）铜版纸

铜版纸的正式名称是“印刷涂料纸”，是在原纸上涂布白色涂料制成的高级印刷纸，特点是光洁平整，在包装中多为纸盒、标签等用纸。

铜版纸包含光粉铜版纸和亚粉铜版纸，两者间的印刷工艺有所不同，亚粉铜版纸的印刷工艺要求较高。亚粉铜版纸与光粉铜版纸的质地相比较，其表面不反光，吸墨性好，印刷油墨相对较厚。

5）胶版纸

胶版纸旧称“道林纸”，纸面洁白光滑，其洁白度、紧实度和平滑度低于铜版纸。由于纸质较薄，一般不能直接制作纸盒，通常在印刷后裱糊在草板纸上制成固定型纸盒。

6）板纸

板纸也称纸板，比一般纸张的厚度厚许多。通常将每平方米超过200克，厚度大于0.5毫米的纸张称为板纸。板纸采用植物纤维、矿物纤维甚至是动物纤维为原料，质地较为坚实，多作为硬质纸盒的材料。

以稻草及其他植物纤维为原料制作的板纸称做草板纸或黄板纸，质地较一般板纸松散，常作为包装的内衬或纸筒等材料。

7）白板纸

白板纸也是表面涂有一层涂料的厚型纸材，经多辊压光制造，纸面光洁、色质纯度较高。在印刷中吸墨均匀性好，在使用中韧性高、不易断裂，同时具有不起毛、不掉粉的特点。因此，其主要作为高品质商品的包装盒使用，如香烟、化妆品、药品、食品等。

白板纸分为双面白板纸和单面白板纸两种。

白卡纸是白板纸的一个种类，其纸面质地更加光洁、细腻，韧性更高。

8）瓦楞纸板

瓦楞纸板是在瓦楞纸芯上裱糊牛皮纸而成的特殊纸板，有单面纸瓦楞纸板、双面纸瓦楞纸板以及单层瓦楞纸板、多层瓦楞纸板之分。瓦楞纸芯是由黄板纸压制成瓦楞状而形成的，经过牛皮纸裱糊后，表面看起来较为平整，内部通过一个个连接的拱形结构达成弹性和抗压性，是很好的防护性纸材，一般用于增加缓冲力。

瓦楞纸板除了制作大型包装箱（盒）之外，还可以用于在箱（盒）内将物品进行间隔的材料。同时，瓦楞纸板也常被用来作为展示型POP包装（销售型包装）的材料。

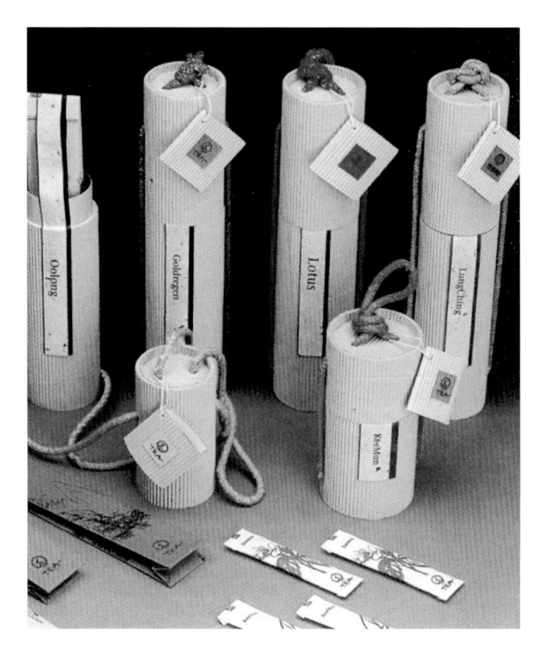

图4-56

图4-56所示的是一组使用薄型瓦楞纸制作的纸筒包装。瓦楞纸特有的质感增加了包装风格的朴实感。

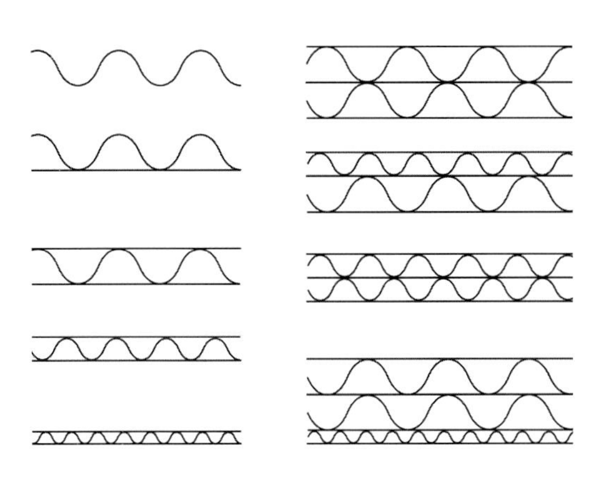

图4-57

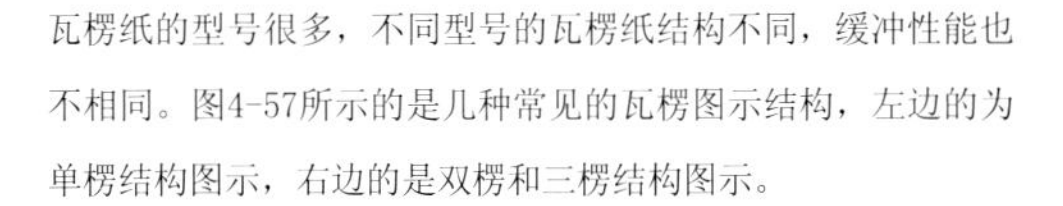

瓦楞纸的型号很多，不同型号的瓦楞纸结构不同，缓冲性能也不相同。图4-57所示的是几种常见的瓦楞图示结构，左边的为单楞结构图示，右边的是双楞和三楞结构图示。

图4-58

由于质轻、价廉，塑胶包装成为了现代商品的主流包装材料之一。图4-58所示的包装，采用的是塑胶材质，轻盈透明的效果对于产品内容的呈现很有帮助。

瓦楞纸板有多种型号，其缓冲等保护性能因瓦楞型号的不同而有所差别，选择瓦楞纸板的型号需要针对产品的缓冲需要而定。在一个（套）包装中，可能会使用一种以上的瓦楞纸板，用于完成不同的结构需要。

3. 塑胶包装

塑胶材料是纸材以外的低价包装材料，因此被广泛应用。塑胶原料的主要成分是树脂，通过掺入各种辅助料或添加剂，在特定的温度和压力下被定型为一定厚薄或形状的包装膜、包装袋、包装容器等。常见的塑胶造型包括袋、盒、瓶、罐、桶、碗、轮廓等。利用塑胶材料的不透气性能，为了达到保鲜、保质的效果，常采用真空、无菌等特殊包装工艺。常见的塑胶材料有PVC、PE等，多为透明或半透明材质，附着鲜艳的彩色印刷，价廉物美。

（1）塑胶包装造型

1）塑胶袋

塑胶袋一般为热封合式包装。由于热封合方式不同，塑胶包装袋的结构一般有以下一些形式。

•无缝筒状袋——上下热封合。

•掌合袋——在包装袋背部中央有一个垂直封合线，形成筒状造型，最后再进行上下热封合。

•四边热封袋——两片等大、等形的塑胶材料对叠在一起，从四边进行热封合。

•三边热封袋——将塑胶膜对折后，对其余三边进行热封合。

•立袋——立袋选用的塑胶膜较厚，可以帮助其形成稳定的立式结构。立袋的顶部与底部结构有所不同，顶部为简单的双面热封；底部增加一个平面结构，使立袋能够在承装物品后形成立式状态，展示性较好。

2）塑胶盒

塑胶盒多为几何形的敞口式结构，封口有两种方式，一种是可重复开启的摇盖式或覆盖式结构；一种是一次性的热合覆膜式结构。

3）塑胶容器

此处参照容器一节中对塑胶容器进行的介绍。

4）模压包装

模压包装是根据塑胶的热收缩以及可伸展特性，通过加热或外力扩展，使塑胶薄膜收缩或扩大，从而紧贴于物品表面的包装技术。其中包括

图4-59

塑胶袋的另一个好处是其透明的质感可以清晰地展现商品，图4-59中的面包包装就属于这种情况，装饰性设计和商品的基本信息只需要占据小面积即可。

收缩包装、塑形包装、轮廓包装等方式。

（2）塑胶包装材料

PVC（polyvinyl chloride——聚氯乙烯的英文简称）的主要成分为聚氯乙烯，分为软PVC和硬PVC。通过模压、层合、注塑、挤塑、吹塑等方式进行成型加工，在制造过程中会添加增塑剂、抗

图4-60

图4-61

图4-62

图4-60所示的是立袋式的塑胶袋造型，底部增加一个平面结构，形成立式状态，稳定性和展示性都较好。图4-61是一个上下扣合的塑胶盒包装造型，附加一个纸质的印刷标签。图4-62是一个即食性塑胶饮料杯，杯身与杯盖采用了不同质地的塑胶材料，杯身为较厚的不透明材质，杯盖为透明的薄型材质。

老化剂等，因此该材料牢固、耐腐蚀。由于添加的辅助材料有一定的毒性，因此不宜存放食品和药品等食用型物品。

PE（polyethylene——聚乙烯的英文简称）是乙烯经聚合制得的一种热塑性树脂。聚乙烯无臭、无毒，可采用一般热塑性塑胶的成型方法进行加工。用途十分广泛，主要用来制造薄膜、容器、日用品等，在食品、药品包装中是最为常用的材料。

（3）塑胶与其他材料

塑胶材料常与其他材料一起构成包装结构，使包装的性能更加完善，效果更加多样。

1）塑胶与纸材

常见的有将板纸作为背板，承载产品的文字、图形等信息。通过与透明的塑胶模压包装结合使用，使产品清晰地呈现出来。玩具、电池等产品常用此复合型包装。还有多种与纸结合使用的情况。

2）塑胶与铝箔

一面为塑胶膜，一面为铝箔膜，通过四边热封合，形成一面透明、一面不透明的特殊效果，这在干果等食品的包装上最为常见。

一面为透明的塑胶模压，一面是作为支撑底板的铝箔片，通过热封合固定产品位置，形成包装结构，这在药品的包装中最为常见。

4．包裹造型

包裹是包装中的一个特殊形态，也是较为原始的包装形态。其外形没有特定的样式，会随着包装材料和被包装物的特点而变化，因此具有一定的生动性和不确定性。包裹造型一般起不到保护作用，主要用于携带的便利。由于包裹形式不能起到保护作用，因此早已不是主流的包装形式，多被用来包装不怕挤压的物品或传递特殊的形式意味。

（1）包裹方式

•袋式包裹——一般采用纺织面料或其他软性材料进行包装，将材料制成敞口袋，装入物品后，袋口使用捆扎的手法进行封闭或通过提手直接提携。

图4-63

图中所示的手持式塑胶桶是常见的塑胶包装样式。这类包装的塑胶材料比较坚硬，通过注塑成型。

•半包裹——包裹材料不能将物品全部遮盖，只是作为底托，通过捆扎将物品与包裹材料固定在一起。

•全包裹——使用柔韧性较好的薄型纸张或其他软性材料，将物品按照一定的手法或随意性地进行包裹，使所包装物品完全被收纳，包装材料与物品间紧密贴合，物品形态毕现。

（2）包裹材料

包裹材料一般选用具有柔韧度和可塑性较强的材料，如纺织面料、纸张、塑胶、玻璃纸、铝箔等。

图中所示的是常见的塑胶瓶包装，瓶身的材质较硬实，瓶盖则使用了容易开启的稍软一些的材质。

图4-64

图中所示的两个包装中，右侧的包装是使用透明塑胶袋作为包装材料，将纸首先作为包装袋底面的支撑结构，同时作为商品信息的载体；左侧的包装中将纸制作成挂签，与塑胶包装袋一起形成完整的包装形式。

图4-65

图中所示的包裹造型是使用收口式的塑胶袋造型，也是常见的简易包裹。

图4-66

图中所示的是大容量包裹造型。该包装使用粗纤维的布料制作，这也是包裹常用的材料之一。

图4-67

三、包装造型方案的形成

包装造型方案的形成，有赖于大量的造型探索、模型试验或成品选择，并在此基础上通过分析筛选、细节调整、材质确定、结构试验等环节对设计方案进行确认，从而完成造型与材料设计阶段的工作。

1. 分析确认

不同的造型样式，会反映不同的情感和性格。通过造型性格的分析，获取选取某类造型的理由，在已经形成的诸多方案中，确认能够代表反映主题特征的造型样式。

如果没有条件进行新的造型设计，可以从包装市场上选择成品容器或规格化的纸盒等包装造型，注意选择贴近主题要求的样式。

2. 细节调整

为达成准确的意图表达，对已确认的包装造型进行细节调整，追求至善至美的效果。

3. 材料与质感

对已确认的包装造型进行材料、质感的选配，由于材质也具有情感因素，选择何种材料和质感对包装主题的反映至关重要。例如容器造型可以选择玻璃、金属、塑胶、纸等材质。各种材料都有着丰富的质地变化，如玻璃包括了透明、磨砂、有色等质感效果，这些效果对包装造型的性格影响较大，会在消费者心中构筑一个特定的印象。

4. 结构试验

所有的设计方案都必须进行与实物大小等同的造型试验，以确定其合理性，例如是否符合尺寸要求、重心是否稳定、黏合处能否抗拒一般外力、结构的抗冲击力如何等等。

图4-68

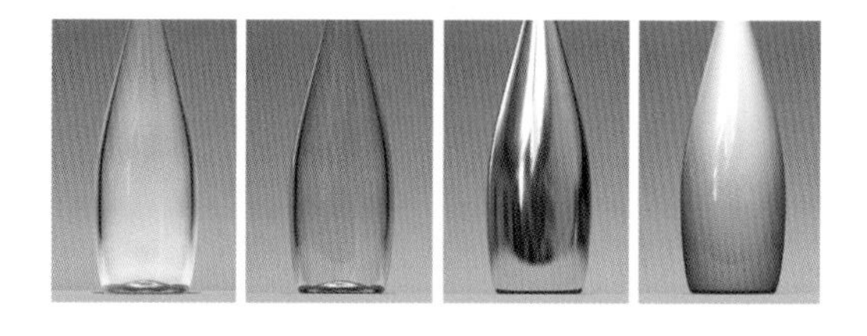

图4-69

包装方案的最终形成，需要先进行大量的造型探索和比对，从而确认某种特定的造型样式，然后在同一种造型条件下进行材质选择。图4-68为多种容器造型的样式比较，图4-69为同一造型的多种材质效果比较。

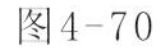
图4-70

图4-71

两图所示的是两款酒的包装。由于是系列产品，需要进行明显的形式关联，因此采用了相同质地和造型的瓶形以及盒形，甚至瓶签的造型均为同一样式。只是在色彩、字体样式等平面元素中进行了适当的区分。红色的酒采用白色瓶签和白色纸盒以及黑色字体，黄色的酒采用黑色标签和黑纸盒以及白色字体，在各自的环境中对比十分明显，在两个包装相互的比较中也形成了明显的对比效果，是一个将多重关系处理得十分巧妙的优秀作品。

四、多重包装造型的关系处理

产品包装一般都会存在多重关系，如针对同一个产品，可能需要同时进行内装、个装、外装的设计；针对系列产品，可能需要对其造型进行区别化与系列化并存的设计；对于组合产品，可能需要对其进行组装式结构的设计等。因此，包装的造型设计多半不会是孤立的单一工作，往往伴随着复杂的关系因素，需要运用整体把握的能力对其进行关联性处理。

1. 寻找造型关系

对于系列产品来讲，应该从造型外貌上建立其关联性。虽然每个产品的包装造型为了形成区别化样式处理，可能具有一定的形态差异，但每个造型中都传递了一些明显的造型特征，即可将系列化关系建立起来，如外观线条处理手法类似、开启方式类似、结构处理类似等。系列化妆品的包装造型设计，多采用此类方法。

2. 寻找材料关系

在对同一个产品进行内装、个装、外装的设计时，一般不会从造型上寻找其内在联系，而是在材料、质感、装饰手法的对比中或协调上进行关联性处理。

在酒的包装中，可能会包括容器造型（个装）、盒或筒造型（内装）、袋造型（外装）三个环节，这三个环节由于承担的功能不同，在材料选用上会形成较大的差别，可以通过不同材质的强烈对比塑造其独特的风格，凸现该品牌的品质追求。

五、附着方式设计

包装造型解决了物品的盛装问题，产品信息的传递还需要通过一些附着方式进行呈现，例如容器标签的确定、印刷形式的选定等，直接影响着包装的最终效果。

1．标签

由于标签的形式和样式较多，在对已经确认的包装造型进行标签设计时，应该多做试验。从数量、样式、材质等各方面进行探索。

2．印刷

产品信息在包装造型中体现的方式包括直接印刷、间接印刷两种。一般的纸质、塑胶质包装造型，可以在成型前先进行印刷，再成型包装，这种方式属于直接印刷，也是最常见的包装印刷方式。在标签上进行印刷，然后贴附在容器造型上，对于包装造型而言，属于间接印刷，包装容器上没有印刷痕迹。在容器造型上也可以通过丝网等软性版进行直接印刷，许多可重复使用的玻璃的碳酸饮料瓶，常常使用这种印刷方式。

3．特殊工艺

一些高品质的产品包装，为了反映独特的质地和品质，不使用普通的印刷工艺，将产品信息通过铸造、雕刻、喷砂、腐蚀、复合材料粘贴等特殊方法进行处理，工艺费用昂贵，效果不凡。如在制瓶时将品牌图形直接铸成，使玻璃瓶具有专属性；通过喷砂工艺，将产品信息喷制在透明的玻璃容器上，通过质感的差异形成独特的美感；在瓷器上镶嵌冷冲压的金属质地的商标，使包装造型的品质大大提升等……

图4-72

图4-73

商品信息和装饰造型需要经过一定的工艺才能与包装造型结合。图4-72采用的是在瓶子上直接印刷的工艺。图4-73则在纸上印刷后再贴于瓶身上，这种情况最常见。

图4-74

图4-74所示瓶子的装饰纹样是通过模铸形成的，这种工艺要支付较高的费用。

图4-75　　图4-76

图4-75是可口可乐经典的玻璃瓶造型。图4-76是可口可乐玻璃瓶的剪影。

六、造型创新的意义

创新造型的前提是为了满足消费者求新、求异、求变的心理。准确揣摩消费者的心理，是包装设计成功与否的关键之一。

1886年诞生的可口可乐，采用的是直桶式造型的瓶子。后来，由于受到了来自百事可乐竞争的冲击，可口可乐公司重新制定了包装策略，采用了这种造型独特、手感良好的曲线式玻璃瓶。此后其销量大增，在两年之内，销量翻了一倍。这种瓶子给人以甜美、柔和、流畅、爽快的视觉享受，同时由于瓶子的结构中间大下面小，盛装的效果会给人分量很足、很多的感觉。至今这款可乐瓶仍是容器造型中的经典之作。甚至只是一个轮廓，就可以让我们断定它就是可口可乐瓶，如图4-75、76所示。成功的包装造型与标志的作用和地位是完全可以等同的。

因此，通过在视觉上吸引特定的消费群体，包装造型的创新性追求不能不说是一个重要的表现角度。

小结

请注意回顾以下一些重点内容，这些内容对于学习包装设计至关重要。

同时，依照下列思考题的内容进行简要回答，并根据实践题的要求展开包装设计的造型工作。

本章重点

1. 包装造型设计与材料选用的原则。

2. 常用的包装造型与材料的特性。

思考题

1. 哪些材料是包装中常见、常用的？这些材料的一般特性有哪些？

2. 包装造型方案形成的关键是什么？

实践题——包装的造型设计与材料选配

请依照下列步骤展开设计实践：

1. 选择一套你所熟悉的某个产品，参考第三章的相关知识，为这个产品重新设定包装主题。

2. 在包装主题的引领下展开包装造型设计方案的探索，从搜集、分析各种包装造型案例的工作开始，如图4-77至图4-115所示，先进行大量的造型练习之后，再进入符合主题的包装造型塑造环节。

3. 绘制出你设想的各种包装造型，利用相关手段制作出这些包装造型，可参考本章部分图例和第六章的有关知识。

4. 确定最终的包装造型，并写出选择该造型的理由。

5. 通过购买或其他渠道采集包装材料，进行包装造型制作的前期准备。

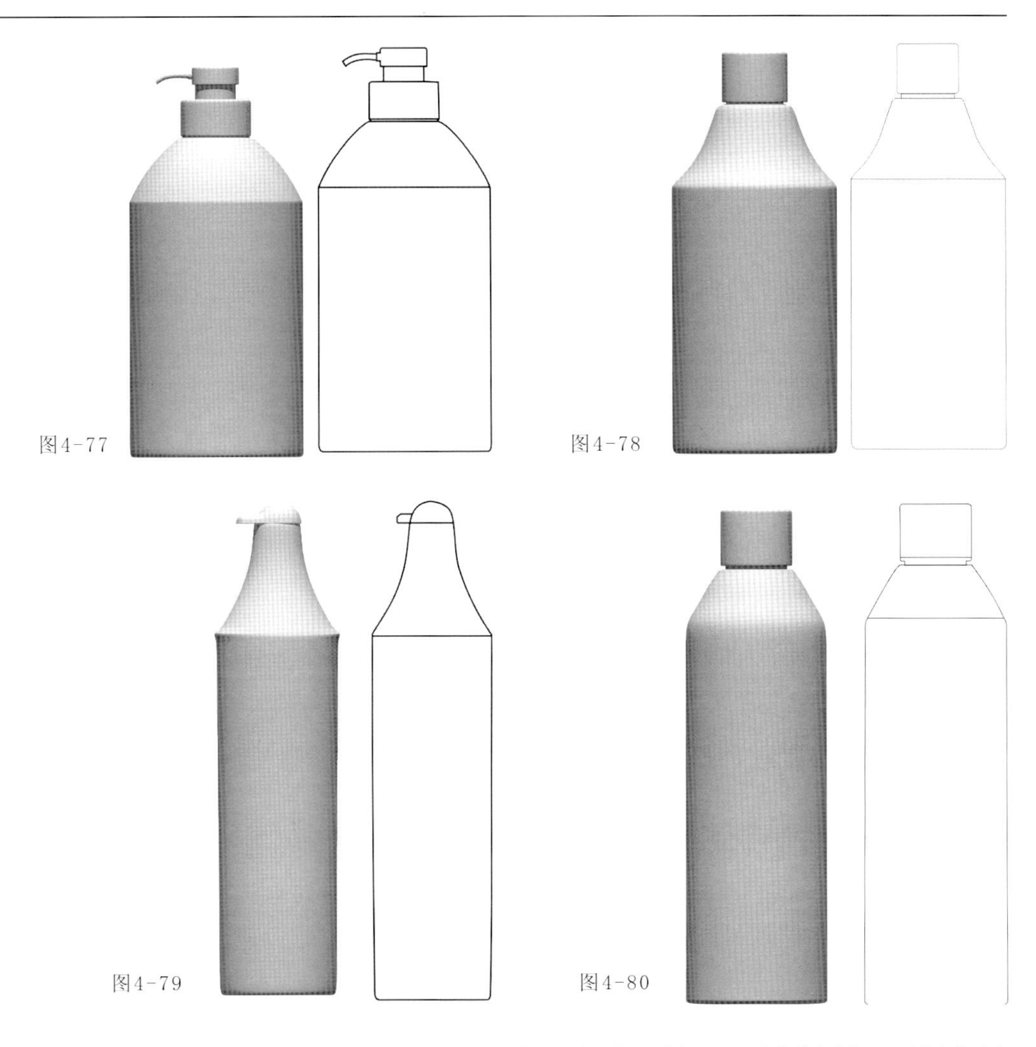

图4-77

图4-78

图4-79

图4-80

在造型方案探索阶段，要将各种造型如图所示进行充分的比对，分析每个造型的特点所在、结构所能解决的问题为何等。如瓶口盖的结构就体现了不同的产品使用方式，图4-77是压力式结构，可盛装浓度较大的液态产品；图4-79是翻盖式结构，若要盛装浓度较大的液态产品时，瓶身的材料要有一定的弹性，以方便挤压；图4-78、80是旋盖式结构，可承装水状液态产品，但旋盖的紧密度要求较高。

容器造型设计方案可以通过计算机三维应用程序建立基本样式，如图4-77至图4-95所示。然后通过石膏等材料完成模型制作（参考第135页中石膏模型制作简介）。

图4-81 图4-82 图4-83 图4-84

图4-85 图4-86 图4-87 图4-88

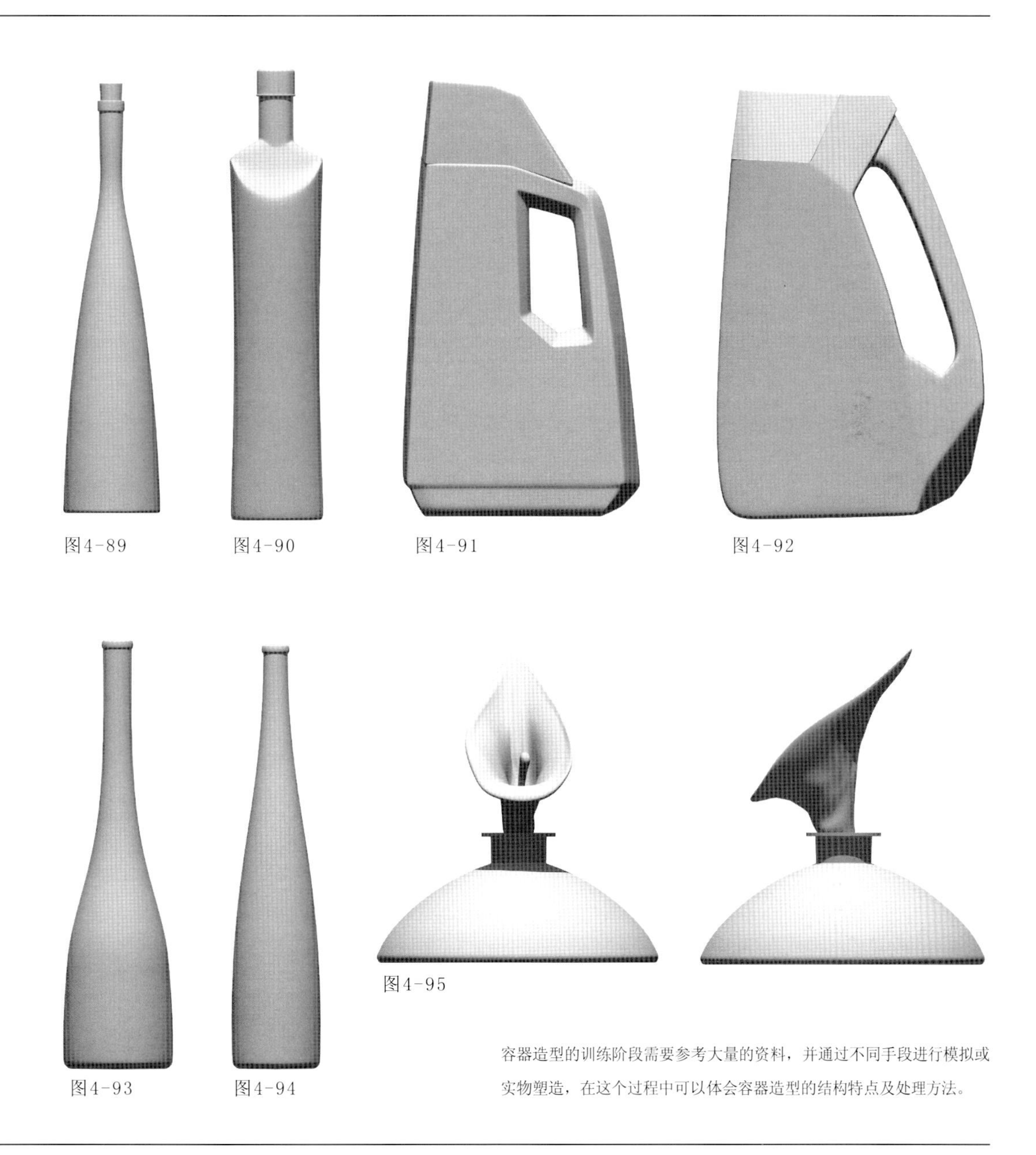

图4-89 图4-90 图4-91 图4-92

图4-93 图4-94

图4-95

容器造型的训练阶段需要参考大量的资料，并通过不同手段进行模拟或实物塑造，在这个过程中可以体会容器造型的结构特点及处理方法。

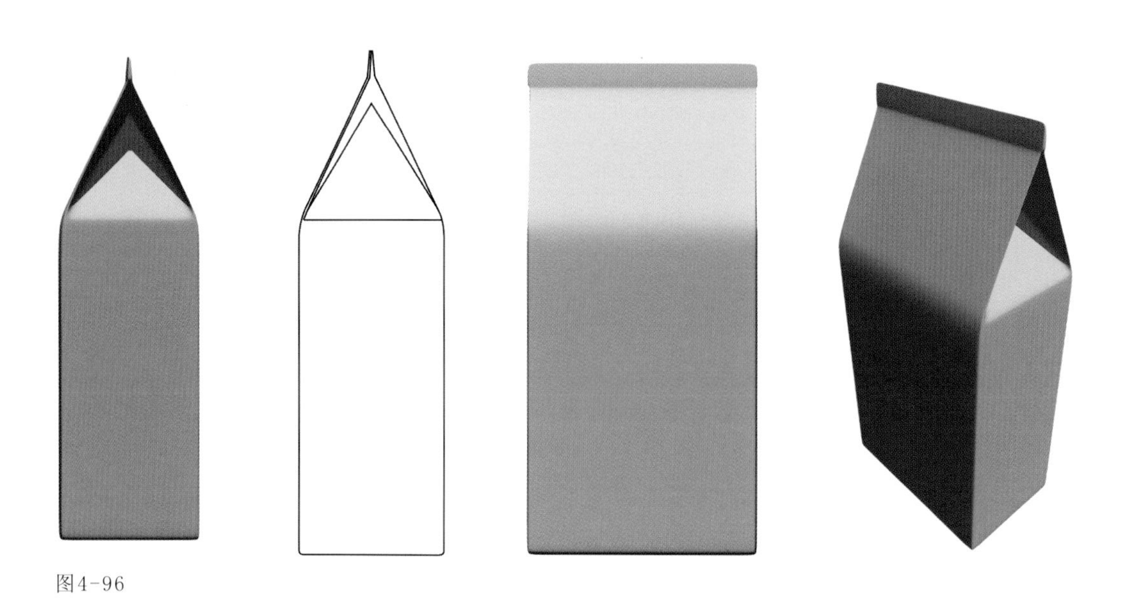

图4-96

图4-97

图4-96至图4-114是部分常见的纸盒造型以及不同手法所表现的效果样式，包括计算机三维造型、平面展开图、结构线图和实物纸模。在这个阶段，需要多多实践，掌握一些基本的盒形结构和表现方法，并能在此基础上进行再创造。

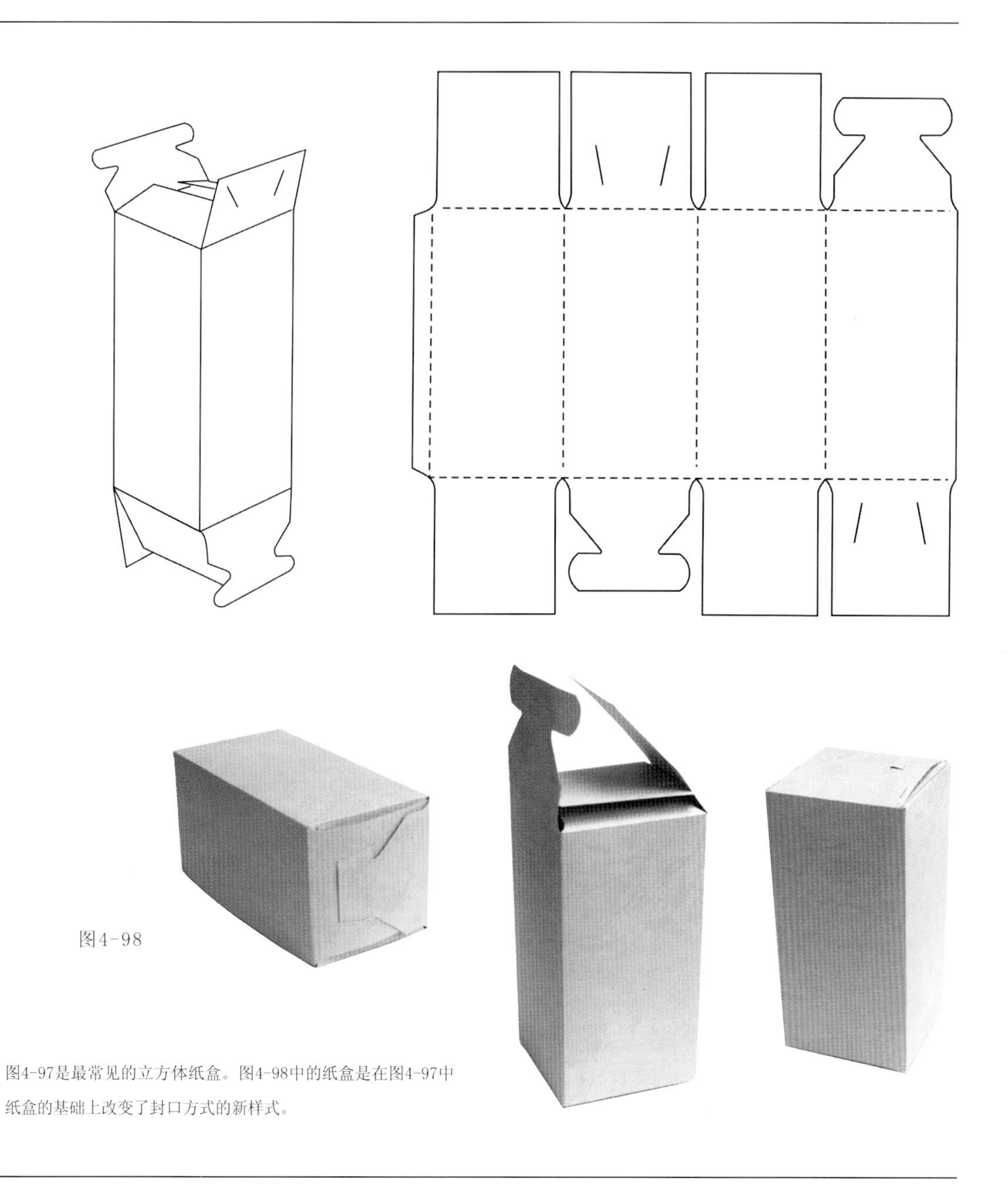

图4-98

图4-97是最常见的立方体纸盒。图4-98中的纸盒是在图4-97中纸盒的基础上改变了封口方式的新样式。

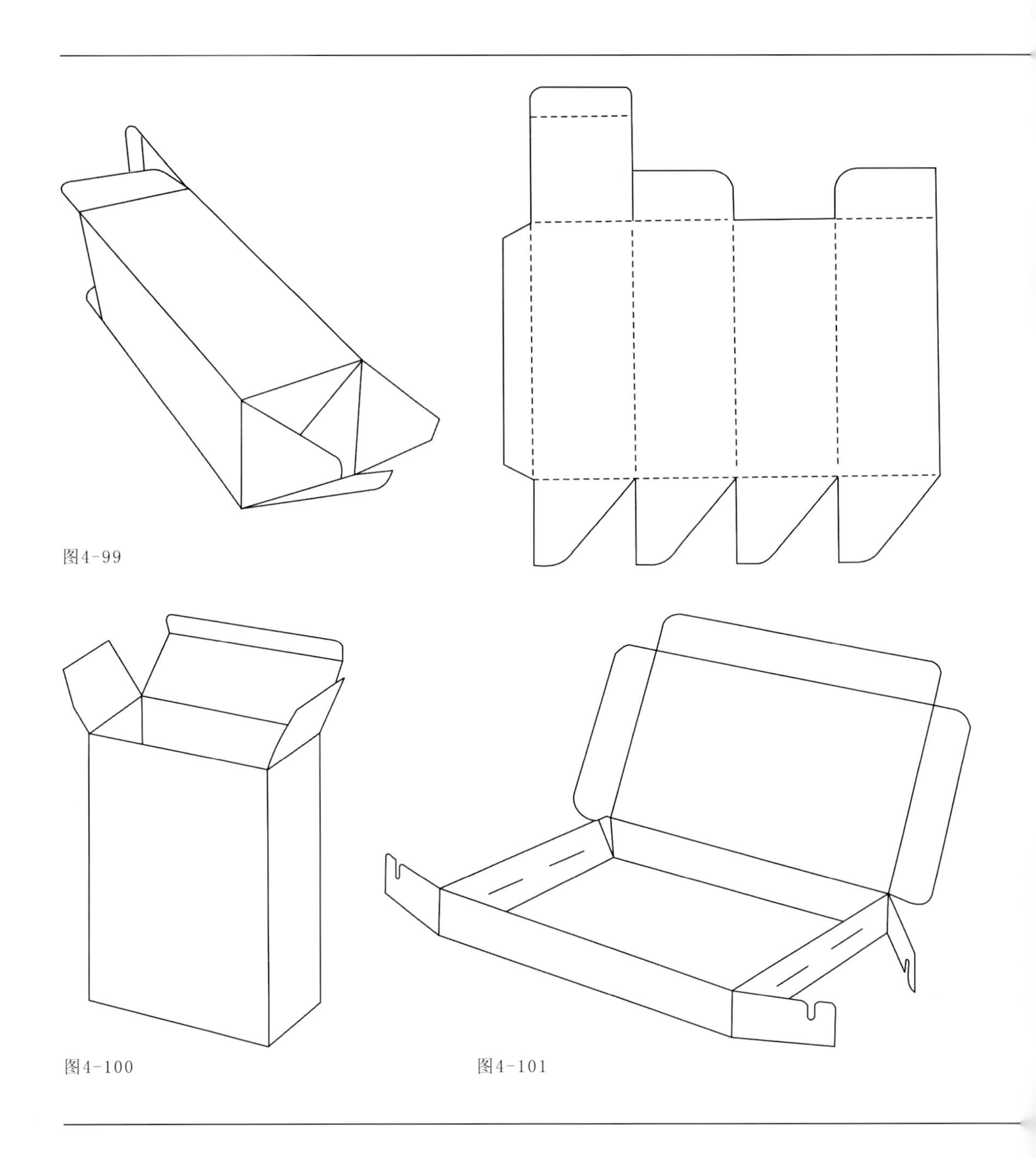

图4-99

图4-100

图4-101

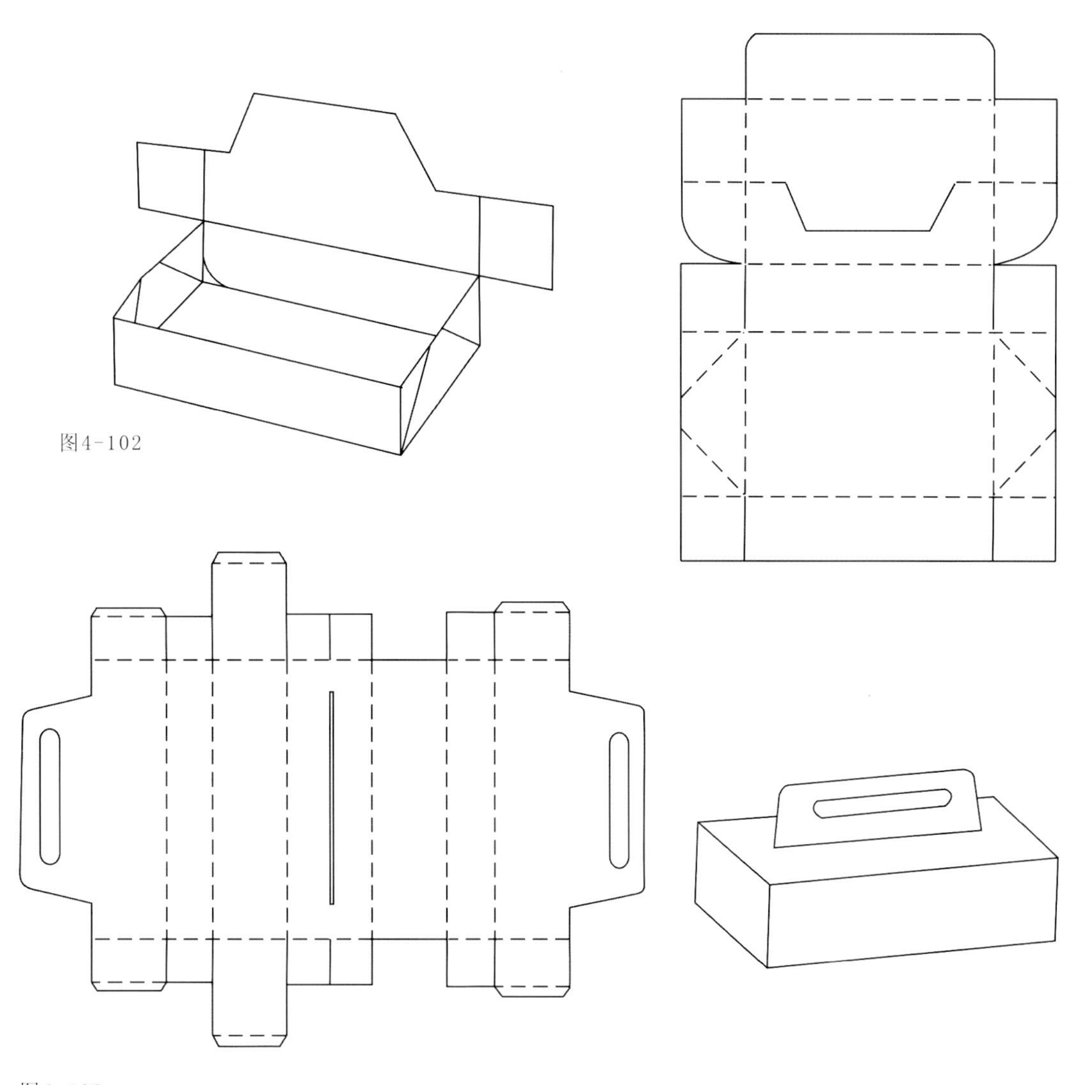

图4-102

图4-103

图4-99至图4-103都没有给出实物纸模，可以根据图纸或自己对结构的理解进行纸模练习。

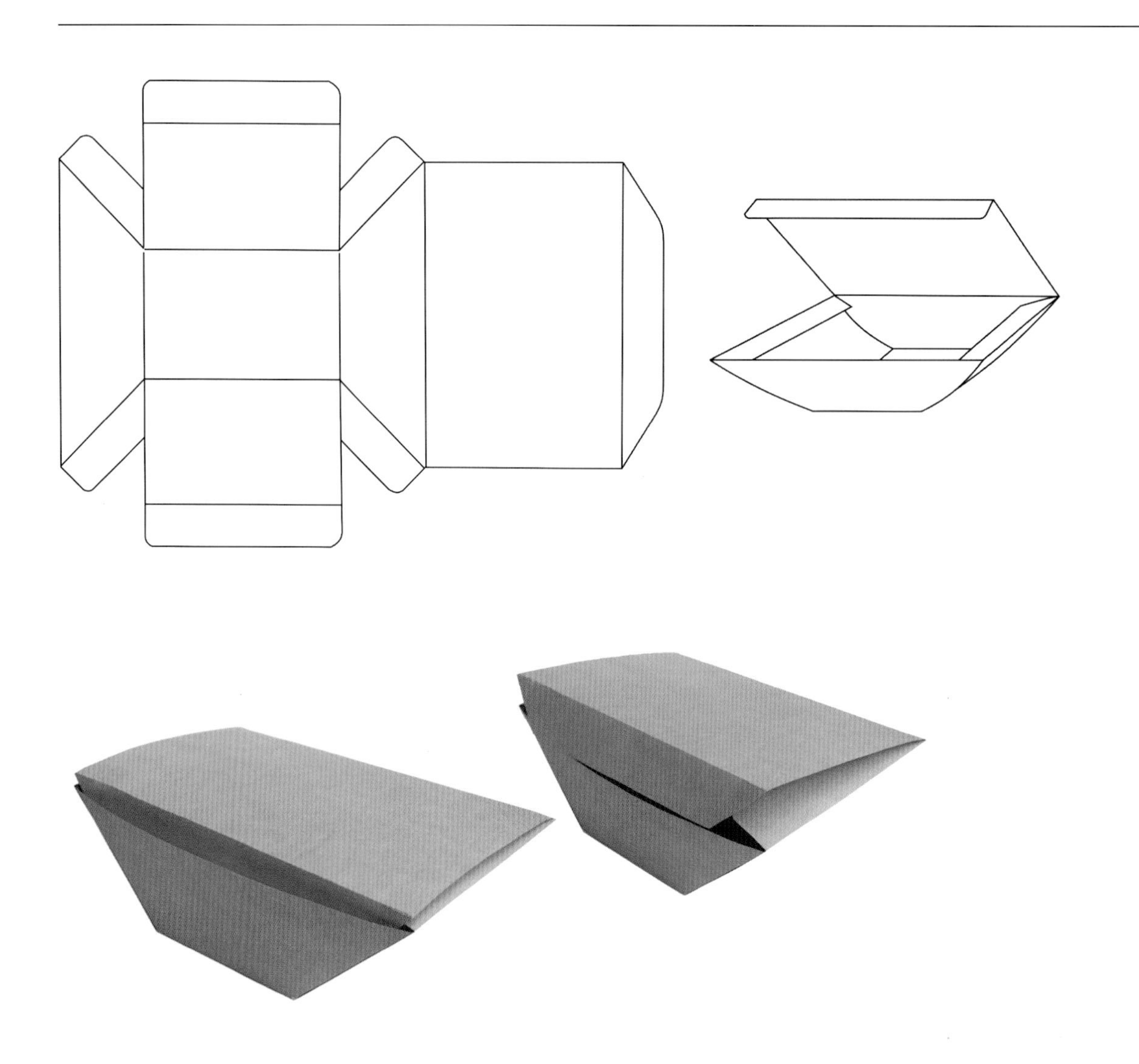

图4-104

图4-104至图4-106中的纸盒不再是立方体的样式，底和盖大小不同时会引发插接和粘接部分结构的细微变化，需要引起注意。

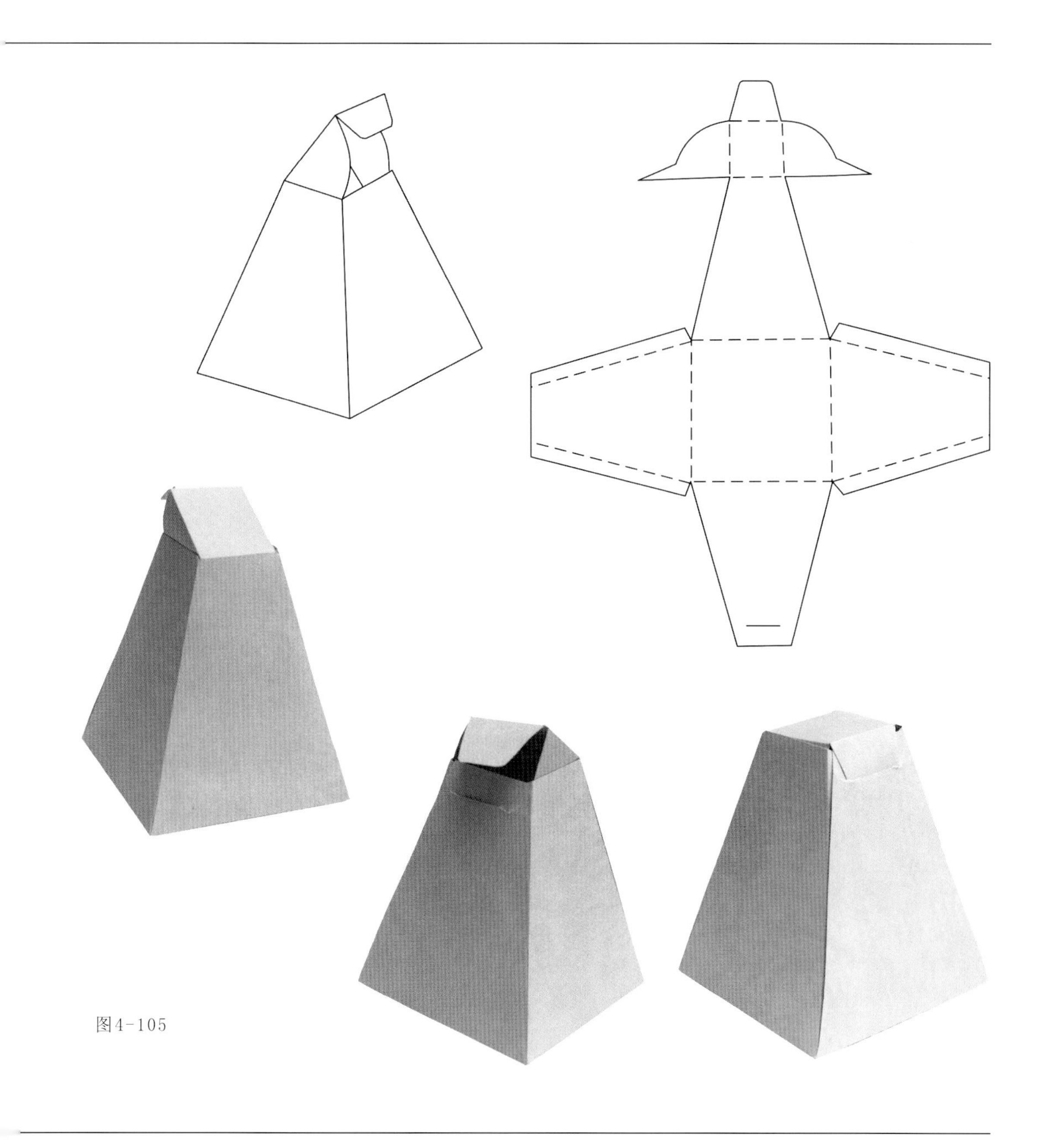

图4-105

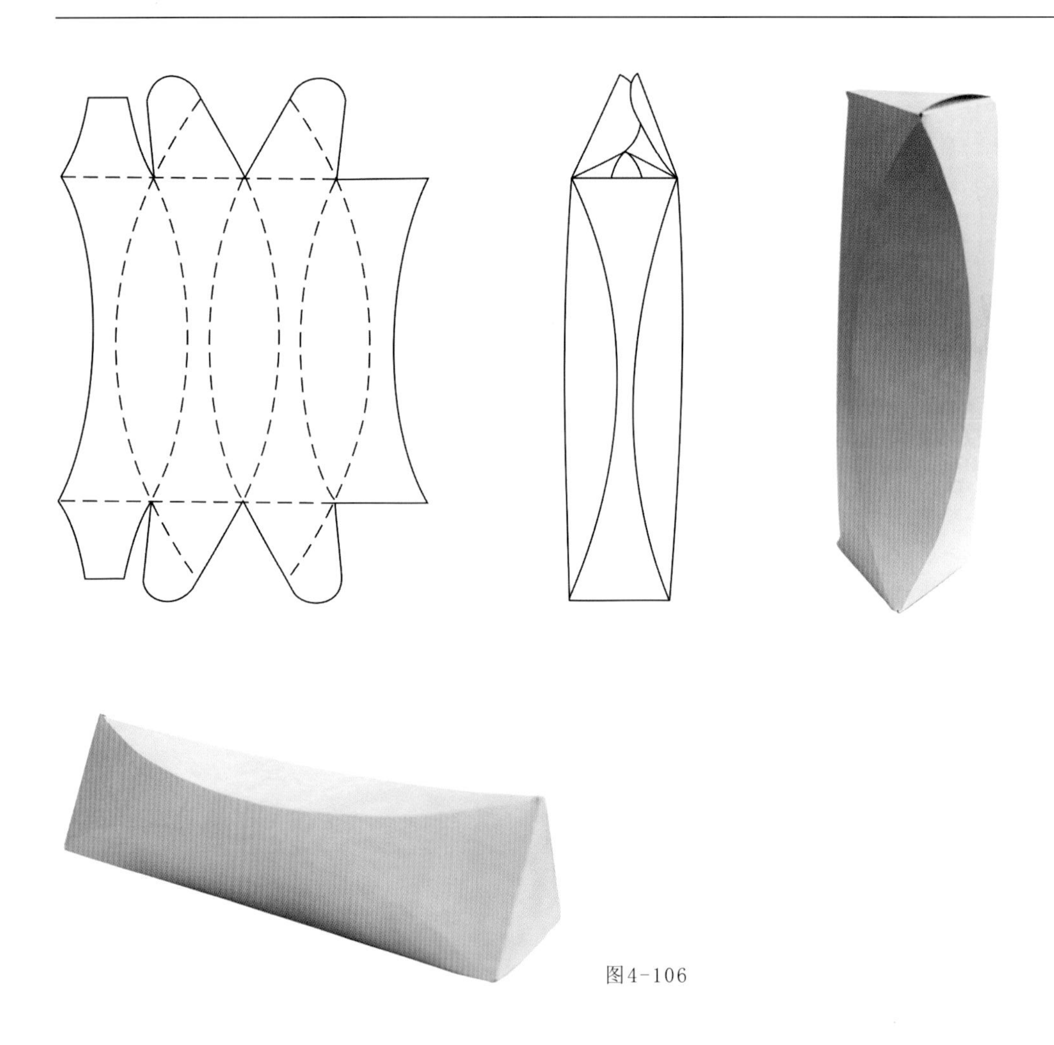

图4-106

图4-106中纸盒的棱与常见纸盒的棱不同，弧形的结构在折叠时要仔细处理。

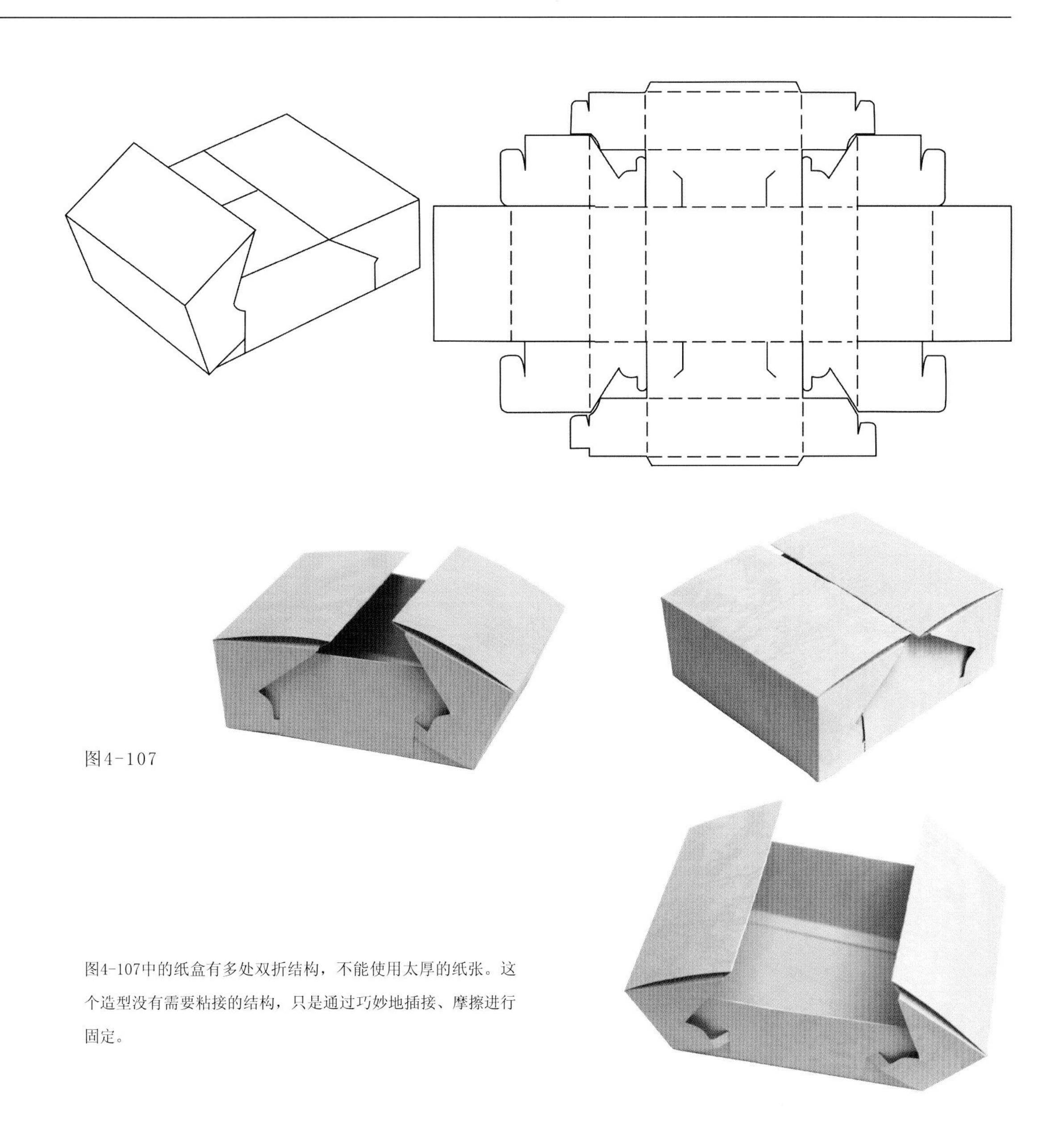

图4-107

图4-107中的纸盒有多处双折结构，不能使用太厚的纸张。这个造型没有需要粘接的结构，只是通过巧妙地插接、摩擦进行固定。

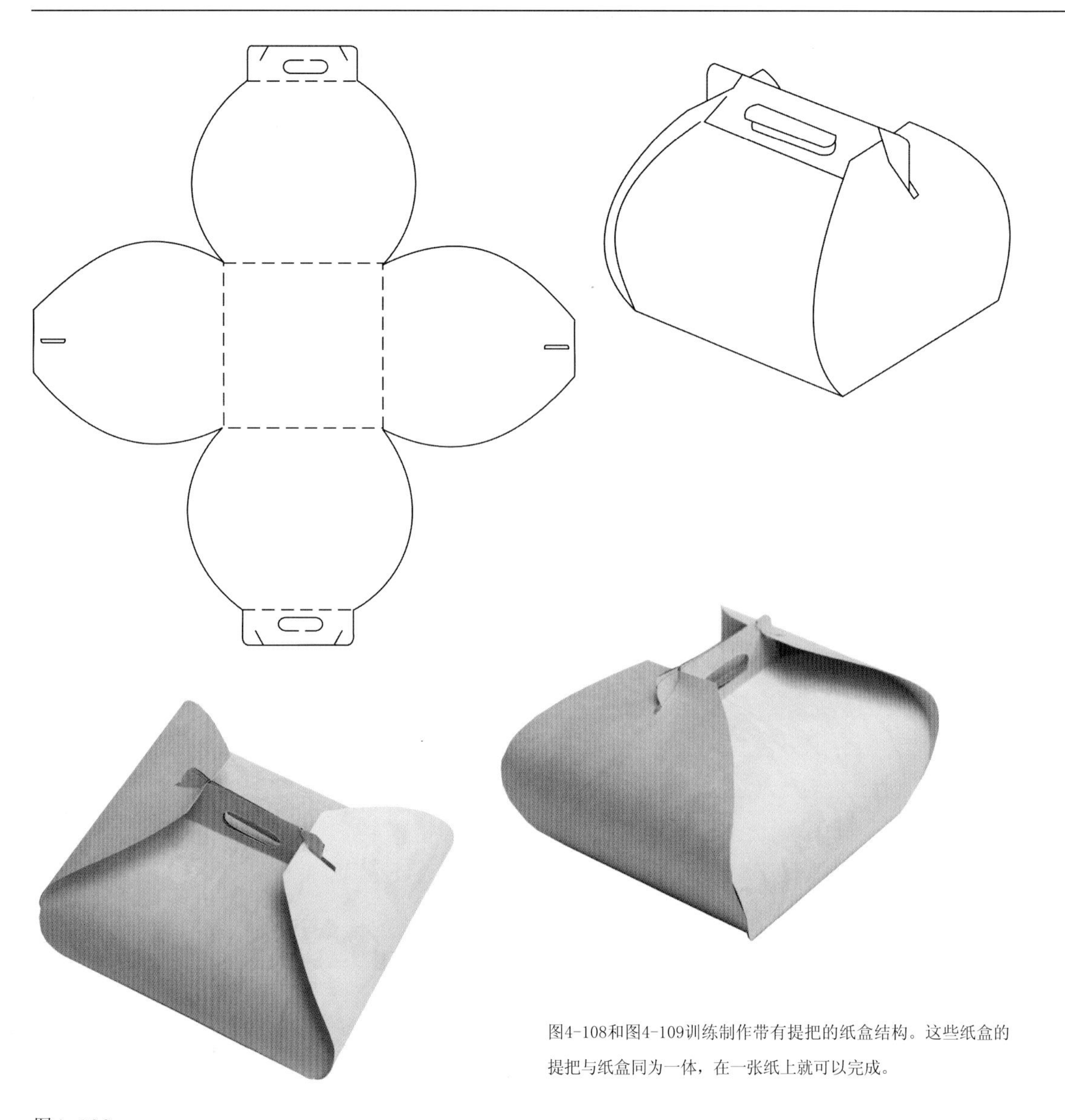

图4-108和图4-109训练制作带有提把的纸盒结构。这些纸盒的提把与纸盒同为一体，在一张纸上就可以完成。

图4-108

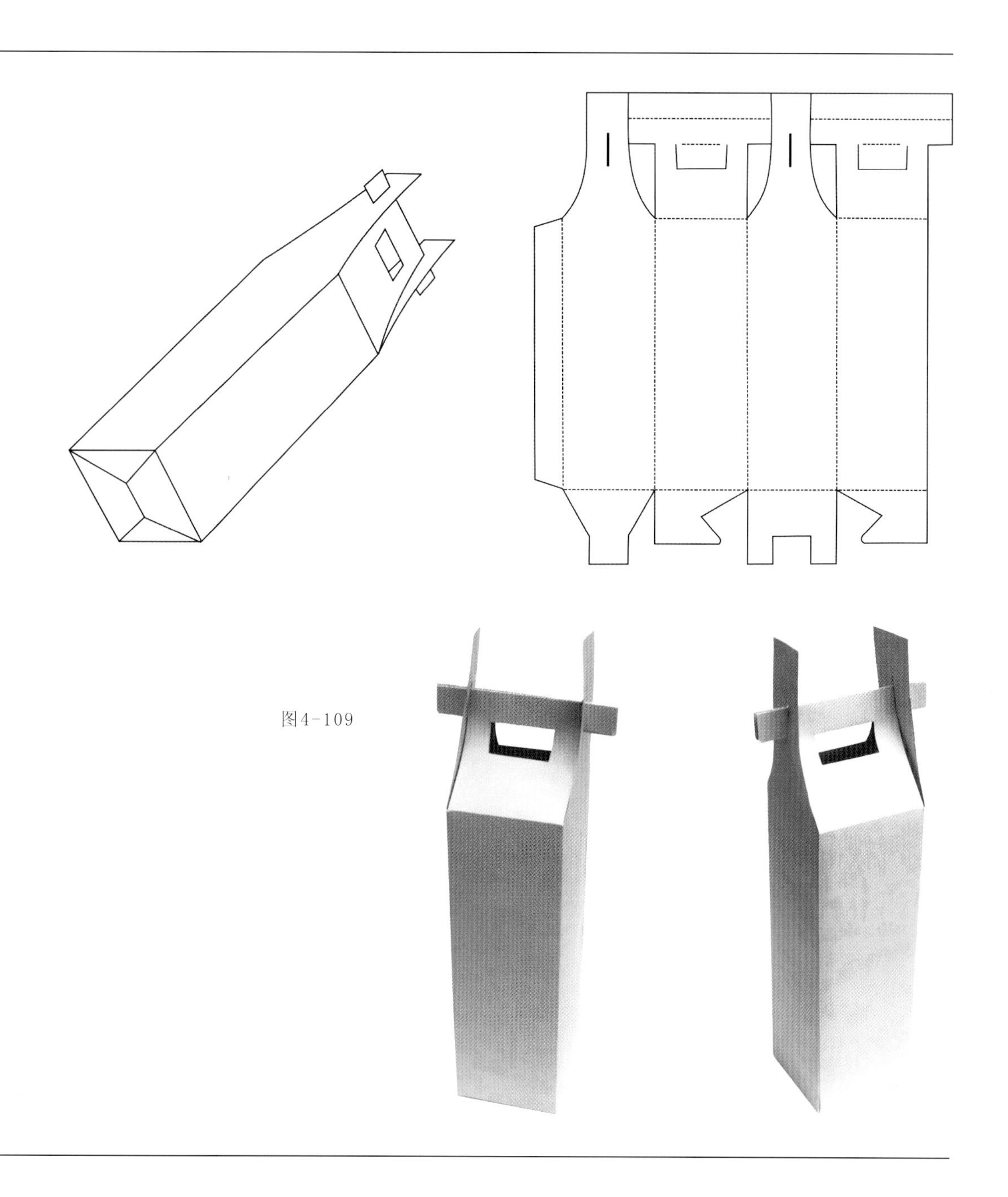

图4-109

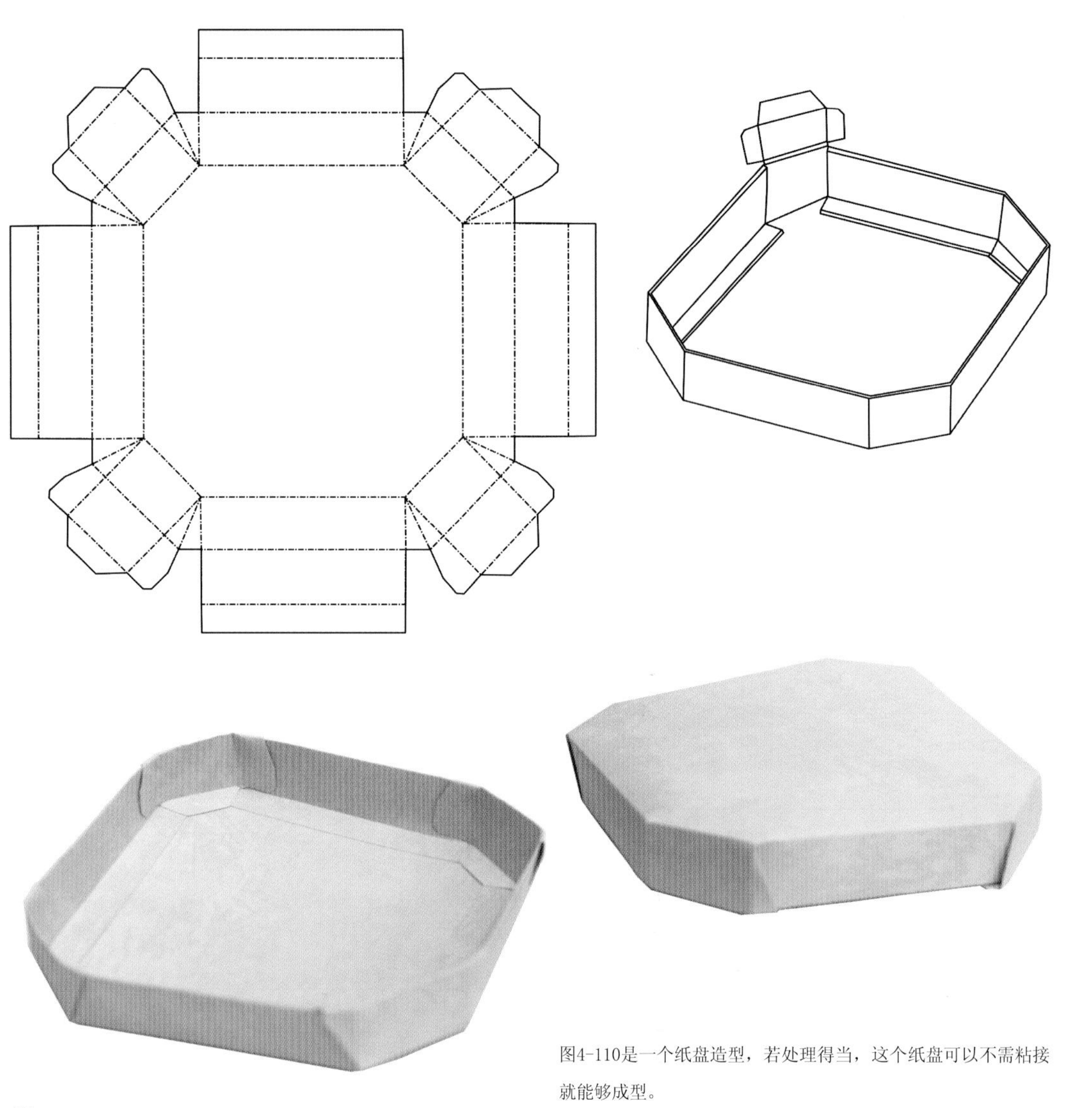

图4-110是一个纸盘造型，若处理得当，这个纸盘可以不需粘接就能够成型。

图4-110

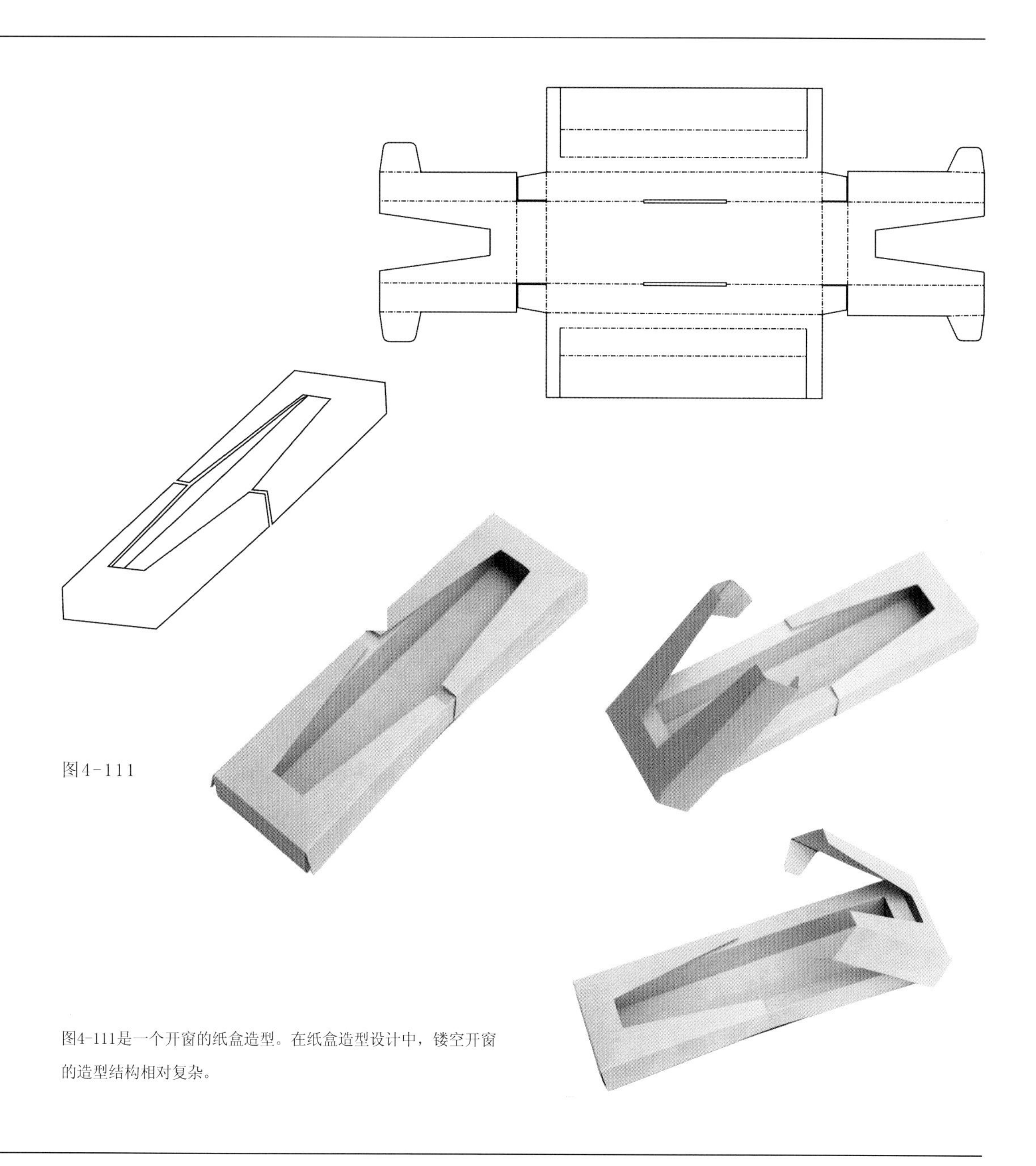

图4-111

图4-111是一个开窗的纸盒造型。在纸盒造型设计中，镂空开窗的造型结构相对复杂。

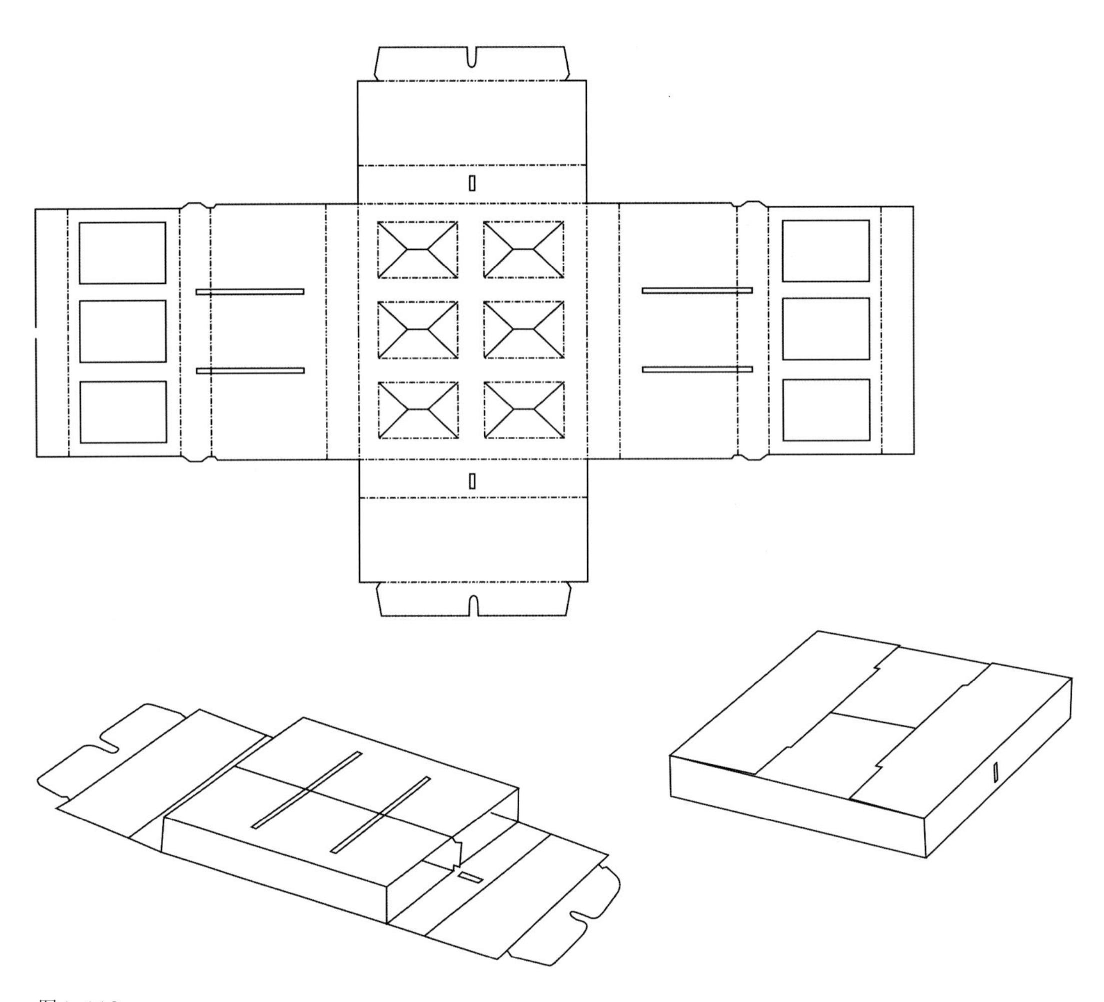

图4-112

图4-112至图4-114是一个有着隔离缓冲结构的复杂纸盒造型。图4-112是这个纸盒的平面图和不同角度的线绘结构图；图4-113是这个纸盒折成时正面的实物纸模样式；图4-114是纸盒折成时背面的实物纸模样式。

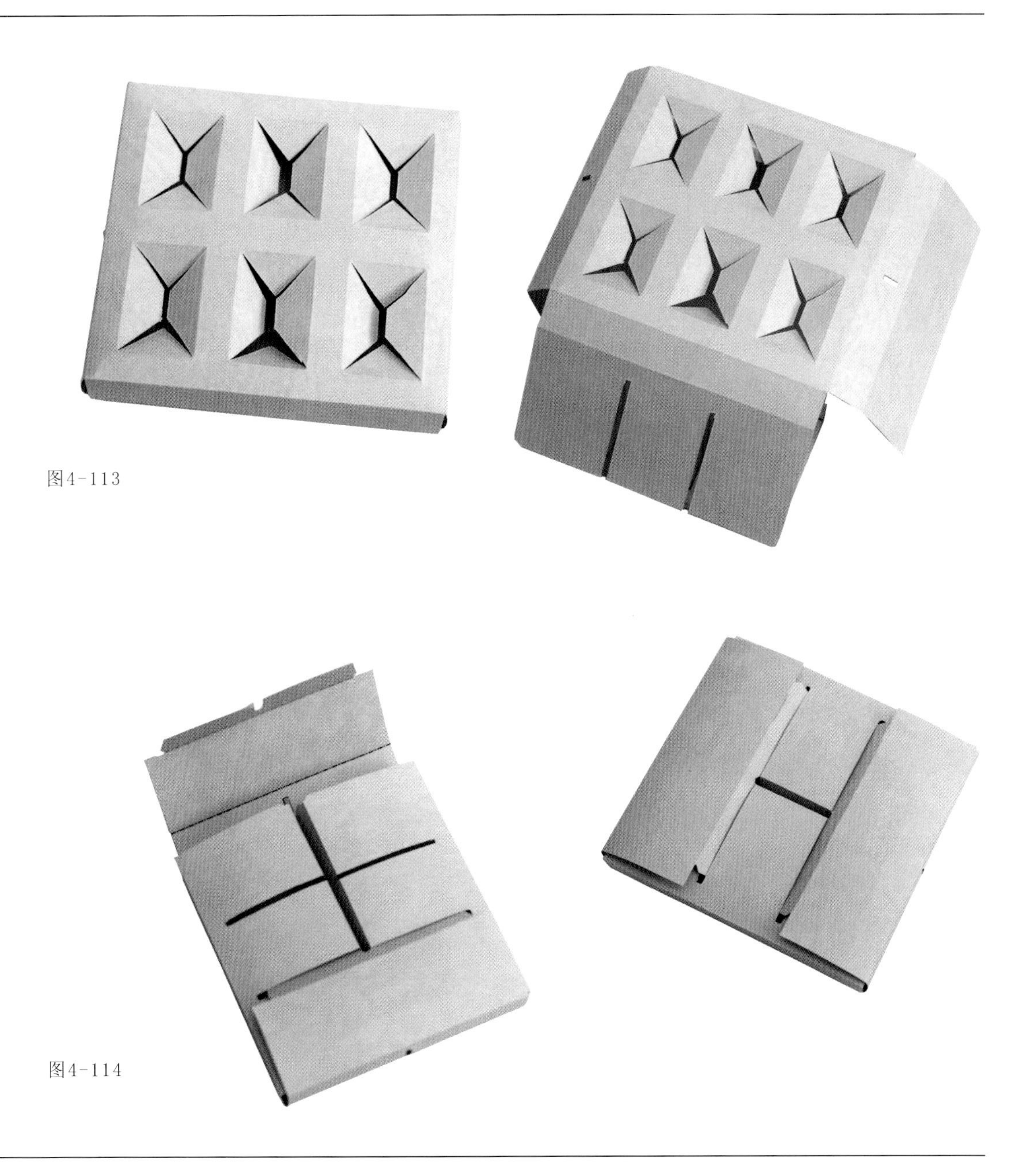

图4-113

图4-114

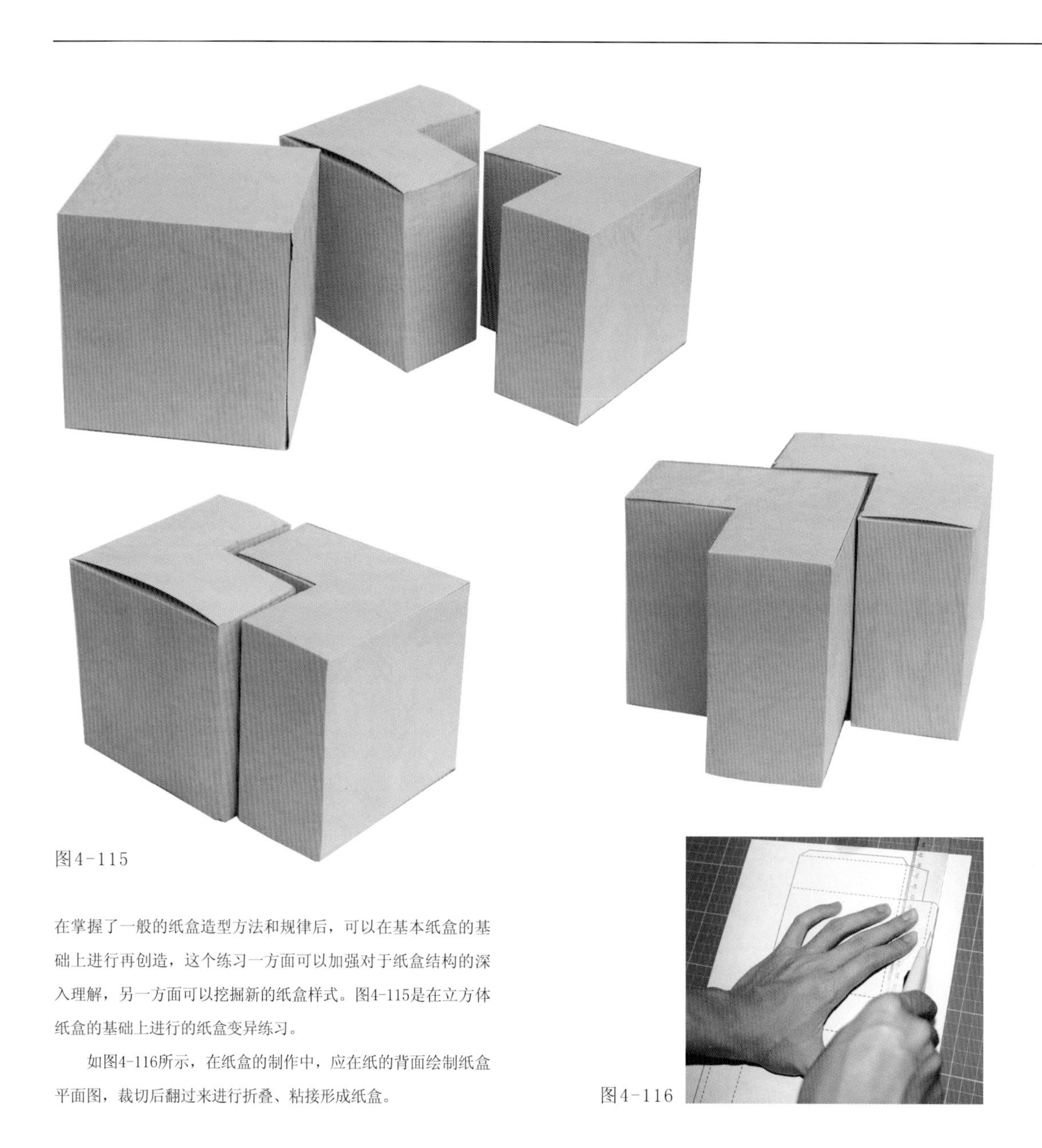

图4-115

在掌握了一般的纸盒造型方法和规律后，可以在基本纸盒的基础上进行再创造，这个练习一方面可以加强对于纸盒结构的深入理解，另一方面可以挖掘新的纸盒样式。图4-115是在立方体纸盒的基础上进行的纸盒变异练习。

如图4-116所示，在纸盒的制作中，应在纸的背面绘制纸盒平面图，裁切后翻过来进行折叠、粘接形成纸盒。

图4-116

一、视觉信息

1．包装上的视觉信息

文字信息包括——品名、广告词、容量、含量、口味、简介、使用方法、企业名称等。

图形信息包括——品牌图形、产品图片、装饰造型、质量标志、企业标志等。

其他信息——色彩、条形码等。

2．信息表现位置确认

一般的包装造型都有多个面，信息表现在包装造型上会分置在不同的位置。

常见的六面盒，可以分出主展面、背面、底面、顶面、左侧面、右侧面。主展面一般位于盒盖开口下方的垂直面。品名、品牌图形、产品图片、净含量等信息一般位于主展面中，其他信息被分配在背面或两个侧面中。顶面或底面的信息较少，甚至没有任何信息。

容器造型上环状的瓶签也有主展区域，视域一般为容器横截面周长的三分之一左右。过小会显得不够舒展，过大会给基本信息的阅读带来困难。品名、品牌图形、产品图片、净含量等信息一般位于主展面中，其他信息分列主展区域的两侧。一个容器有一到三个标签，最多的达五六个之多，根据功能的不同信息会分散在不同的标签中。

3．表现顺序与重点

一般情况下，包装信息的阅读顺序是——品名、产品图片、品牌图形、净含量、企业名称……但有时根据需要有可能将视觉顺序调整为——色彩、品名、产品图片、品牌图形、净含量……视觉顺序也有可能为——产品图片、品名、品牌图形、净含量……这需要根据包装形式定位的策略来确定，如首先应该突出什么信息？

图5-1

一般的包装造型都有多个面，视觉信息根据重点或功能的不同被分布在不同的面中。图5-1所示的是一个纯牛奶的纸盒包装，可以看到包装盒一部分面中的视觉信息。

图5-2

图5-2是图5-1的平面展开图。在展开的平面图中可以看到图形、色彩和许多文字信息，这些信息按照一定的区域进行分布。品名、品牌图形、主要的装饰图形、净含量等信息一般位于主展面和背面，其他信息被分配在两个侧面中。主展面和背面的图形诙谐地被处理成牛的正面和背面。

以什么信息抓取消费者的注意力？靠什么信息将包装从货架上凸现出来？……

（1）主展面设计

主展面是包装造型在货架上摆放时面对消费者的区域，主展面的设计样式控制着整个包装的视觉表现风格，对于主展面的设计应该作为包装中平面设计的重点来看待。

理性表达的设计应该突出品名或品牌名等信息，例如目标性较强的药品类商品或高价位有品牌印象的商品。

感性表达的设计可以通过诱人的视觉元素，如强烈的色彩、漂亮的图片、独特的质感来表现，例如低价位、品牌概念不强的商品类型。

（2）次展面设计

次展面多为主展面的延续，在次展面中要注意与主展面保持整体性关系，将主展面传递的视觉表现特点进行延续。

对于立体的包装盒来讲，有可能在背面选择与主展面一样的内容和形式，这样可以在多个角度传递商品的重点信息。

容器造型中的标签名目繁多，一般分为身标、胸标、腹标、肩标、颈标、顶标、挂标等。标签的造型样式也很丰富，如身标、胸标、腹标有扁形的、椭圆形的、长方形的，肩标、颈标大都是长方形、扇形、椭圆形、圆形等。标签选用的多少、形状和大小与容器的形状有着很大关系，如使用身标时，多半不会出现胸标、腹标。面积较大的包括身标、胸标、腹标，属于设计的主展面，因此也是设计的重点区域。另外，容器标签的设计要与其瓶盖、塞等开启或封闭结构的设计进行匹配和关联。

（3）多重包装的视觉关联

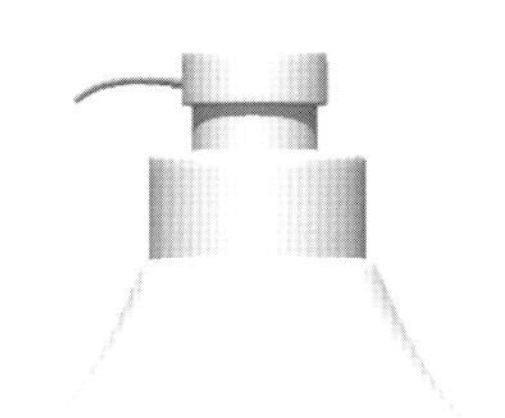

图5-3

圆柱形包装的可视区域一般占周长的三分之一左右，如图5-3中的黄色框中。在红色框中可以清晰地查看（以不变形为前提）信息的区域一般在四分之一左右的范围。因此，主展面最宽不能超过周长的四分之一，以三分之一为最佳。

一些商品同时拥有多重包装，如酒包装一般会包括圆柱形的玻璃瓶、立方体的纸套盒；许多药品有压塑的个装，还有纸盒的外装；如果是礼品包装，包装层次可能会更加复杂……多重包装往往要涉及到不同材质的配合使用，在设计中要

图5-4

图5-4所示的是图5-3中胸腹签的平面展开图，文字信息位于主展面和背面两个区域，可视区域和主体信息所占据的位置分别在黄色框和红色框中。从图中可以清楚地看到，相同类型的阅读内容都不会超越这个范围，否则需要在阅读时不断地转动瓶子。

面对不同造型、尺寸的设计区域，还要兼顾不同材质在工艺处理方面的特性，平面的视觉设计必须在这种前提下解决好统一性、整体性形象的表达效果。

二、色彩元素的表达

色彩是在第一时间就开始对视觉产生作用的，利用色彩的第一视觉特性，可以感性地向消费者传递物品信息，包括商品的类别信息、性格信息、品位信息等。因此，对于色彩表现的重要性、表现原理和表现技巧等知识，应该首先加以了解。

1. 色彩的第一视觉特性

色彩元素具有第一视觉引力的优势，通过合理的色彩计划，可以增加货架竞争力，可以区别不同类型的商品，可以隔离视觉信息，对信息进行条理化管理。

色彩在视觉诸元素中，最具刺激性，是视觉反应最快的设计元素。据有关资料，色彩所引发的注意力占人的视觉意识的80%左右，而人们对形的注意力仅占20%左右。因此在设计中，必须将色彩作为首先考虑的视觉元素。

2. 色彩与商品属性

（1）色彩的独立属性

色彩有着自己独立的属性，包含了色相、纯度、明度三要素。

色相可以使色彩被明确地区分出来，如红、橙、黄、绿、青、蓝、紫，它们对人的视觉冲击力各不相同，不同的色相可以引发视觉上的冷暖感受。

纯度指的是色彩的饱和程度。饱和度越低，色彩越灰暗，分量显得越重。纯度常常被用来体现事物的轻重感。

图5-5

借助色彩所具有的独立属性、商品属性等特点，选择色彩作为消费者对商品认知的第一要素是常见的包装设计手法。

明度是指色彩的深浅程度。无彩色中黑色最深、白色最浅，有彩色中蓝紫色最深、黄色最浅。明度变化对层次感的表现很有帮助。

不同的色彩通过搭配，性格会发生一定的变

图5-6

比较图5-5和图5-6所示的容器包装色彩，可以轻易地区分男性和女性用品，这是色彩的独立属性所带给人们的情感想象所导致的。

化，如红、黄色搭配，红色非常鲜亮，原本的喜庆气氛更加强烈；红、紫色搭配时，红色变得暗淡了许多，整个气氛似乎变得忧郁了。

（2）色彩与商品属性

色彩与商品间的关系非常复杂，色彩既可以直接表现商品特点，也可以连带某些对于商品的其他想象，例如使用紫色代表葡萄、红色代表苹果、橙色代表橘子、绿色代表猕猴桃、蓝色代表梅子、黄色代表杏子，这是一种直接表现产品属性的色彩的运用方法；使用红色为中国的白酒进行包装，则暗含了酒总是与喜庆之事有关的特征，这种色彩运用方式已经被中国百姓所接受，并成为一种白酒包装的主流用色，购买者不会因此而误会白酒是红色的，这时色彩并不是直接表现商品属性的，而是被借用来传递吉庆意味的。

虽然有着上述两种截然不同的用色情况，但色彩与商品之间的某些属性关系，常常是不能随意违反的，是有着一定规则的。一方面是由于色彩自身的属性所致，另一方面是与风俗习惯有关，同时，色彩与商品间的相互映衬也在其中起着一定的“化学反应”，从而引发某种心理感应。

例如在点心等食品的包装中，常常使用红、橙、橙黄、黄、咖啡等色彩，对诱发食欲很有帮助。这是因为红、黄等色可以使人联想到焦黄的面包、香气扑鼻的蛋糕、浓郁的甜品等。而冷饮等食品则必须使用蓝、绿等色彩，这种后退感较强的色彩，第一时间从视觉上就为燥热的人们从心理上降了温，购买欲自然会被提升。可口可乐使用激情澎湃的红色，仍然能促成大热天的热销，那是因为使用经验的作用使然，是色彩运用的一个极端反例。

图5-7

图5-8

图5-7所示透明塑胶盒中蔬菜的形象被直观地展现出来，蔬菜的绿色也成为了包装色彩的一部分。图5-8中小标签的色彩控制在绿、红、黑三色中，以绿色为主，红色作为点缀，黑色则起着衬托色彩鲜艳度的作用。

再如婴幼儿用品大多采用明度较高的浅色系，这是与成人对幼小生命的呵护意识分不开的，也与人们认为幼小的孩子是单纯无邪的认识有关。

另外，蓝色多用于机械、电器等类型商品的包装；医药用品的包装往往采用蓝色或蓝绿色调；紫色因其能够引发神秘感、典雅感，常被用于高级商品的包装。

当然，色彩的心理感应不一定是一成不变的，时代的变化、时尚的引领会引发对色彩情感的心理变异。

3. 色彩的数量控制

色彩虽然具有吸引视觉的作用，但用色的数量却并非是多多益善的，以少胜多常被当做色彩运用的原则。单纯的用色可以将色彩特征集中体现出来，传递的商品信息就会比较明确。一般来说，主色调要明确，用色超过三种时就要加以注意了，一定要有突出的主要色彩。

4. 色彩的精神象征

色彩的精神象征会因国家、民族、地区的不同而有所区别，如英国就非常注重色彩的象征意义：

金色（或黄白）——象征着名誉和忠诚。

银色（或白色）——表现信仰和纯洁。

红色——象征勇气和热情。

蓝色——意味着虔敬和诚实。

黑色——意味着悲哀和忏悔。

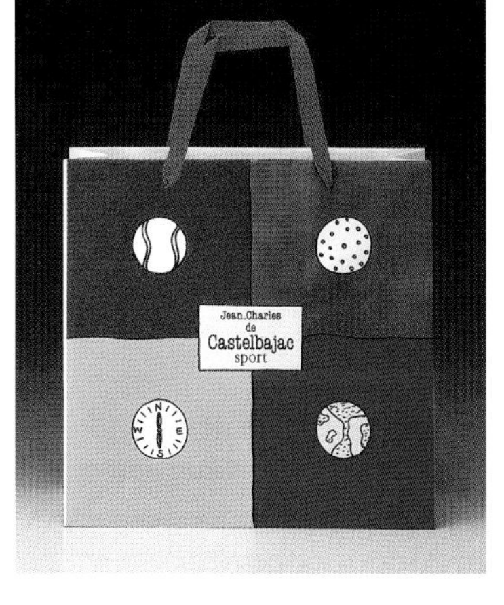

图5-9

图5-10

图5-9选择使用纯度较高、对比较强、数量较多的色彩方案，虽然是很具理性的构图，仍然难掩兴奋度和活泼感。

图5-10只使用了单纯的黑色，但被牛皮纸色拽入了怀旧情绪中，即使表现热带雨林的风情，仍属老到内敛的风格。

绿色——意味着青春和希望。

紫色——意味着王位和高贵。

橙色——意味着智力和宽厚。

紫红色——象征牺牲精神。

若在包装设计中需要传递某种象征意义时，了解色彩的精神象征，会有很大帮助。上述色彩的象征意义具有一定的普遍性，但也不能盲目使用。

5．色彩禁忌

虽然色彩在人们心理上会产生诸多的共同效应，但由于包装设计要照顾销售地区可能面对的风俗习惯，在色彩设计中，要适当地回避或巧妙地处理，使色彩运用不会成为阻碍销售的绊脚石，甚至引发争端。

例如，红色在许多国家都是表现生命力、活跃感、欢庆气氛的，但在伊拉克，所有外事接待机构都使用红色作标记，这使得红色不能成为随便使用的色彩。再如黄色是一个复杂的色彩，在一般情况下可以代表温暖、太阳等，在缅甸由于是僧侣的服装色彩，具有特别意义；而马来西亚人绝不穿着黄色；由于犹太人曾在法西斯奴役时被强迫穿黄色衣服，因此在以色列黄色被认为是不吉祥的色彩等。

因此，掌握些色彩习俗和禁忌知识是必要的。

三、图形元素的表达

1. 图形的第二视觉特性

前面已经提到色彩的刺激性非常强，而图形的注意力仅占人视觉的20%左右。但色彩在完成了吸引视觉的作用后，图形的作用就会陡然上升。合情合理、有趣幽默以及逼真诱人的图形设计，是抓住人的视觉并使其有兴趣进一步阅读的关键。因此，在设计中图形元素的表现和处理，对于包装而言也是至关重要的。

图形语言具有直观性、丰富性和生动性特征，是对于商品信息较为直接的表现方法。图形语言可以通过视觉上的吸引力，突破语言、文化、地域等方面的限制，直接引发消费者的购买欲望。

2. 图形手法与产品

（1）实物图形

1）产品实物

通过摄影或绘画等写实手法，并经由一定的美化处理，精确或较为精确地表现产品形象，使消费者可以明确地得知产品的外形样式、色彩类型等直观信息，可以帮助消费者迅速做出购买决定，如一些食品、日用品、小电器等常采用此类图形。

2）产品原料

有些产品的实物形象难于直接表现，但却可以从产品的原料形象上入手，通过写实手法，凸显原料品质，也会引发消费者对产品产生较好的印象，如果汁等饮料产品多采用美好的水果形象诠释果汁质量。

3）产品使用

一些产品的展示需要通过使用状态进行表现，这时，除了产品形象外，使用者或使用环境都会以真实或模拟的样式出现，如使用中的工具、穿着时的衣服等。

4）表现手法

图5-11

图5-11这组集合包装纸壳的正面直接表现产品实物，非常单纯地将商品的个包装图片以原来的尺寸表现出来，连同镂空处的情况，可以轻易地判断出该包装的商品数量。而个包装中则采用象征性的图形语言，以渐变的圆点表现啤酒产品的特征。

图5-12

图5-13

图5-14

图5-12根据产品原料的外形图片处理瓶签造型，在提示产品来源和品质的同时表达设计的独特匠心。

图5-13和图5-14均采用了象征性的图形手法，在似与不似之间表现产品的特征，注重图形的装饰美感。

使用绘画、摄影等艺术手法可以再现产品形象，是包装设计中实物表现的常用手法。另外，在包装造型上巧妙地进行镂空处理，使产品实物部分地显现出来，这种开窗式的手法，是一种真实展现产品实物的、特殊有效的表现手法。

（2）象征图形

象征图形是介于具象形与抽象形之间的形态，既能传递一定的具象信息，其抽象性、概括性或异化性的表达，又可以使形式语言达成超越具象形与抽象形的意境。在包装设计中，象征形是被广泛应用的，因为其象征性的表达特点使得图形语言更加耐人寻味。

图5-15

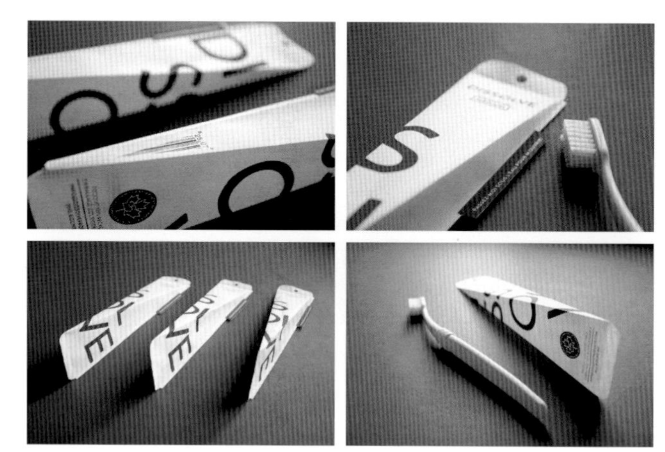

图5-16

图5-15在包装中使用深红色将品牌图形明确地衬托出来，从而加强品牌形象的记忆度。

图5-16中非常大胆地将品牌字体突出表现，字体图形化倾向就被强化了，很容易形成深刻的印象。

1）品牌图形

在包装上突出品牌图形的前提，是该产品推广的重点在于品牌形象而非产品形象。通过明显的品牌图形表现，使消费者留下深刻的品牌图形印象，形成良好的品牌记忆，这对品牌依赖和品牌忠实度的培养很有作用。换句话说，这类产品在推广时，产品本身的品质是通过品牌的固有印象连带的，不需要在产品质量和性能上大做文章。如果是没有形成市场认可的品牌，其产品在推广时，以品牌图形为视觉重点，必须伴随大量的其他形式的广告宣传，否则是非常冒险的表现形式。

2）品牌文字

文字与图形有着密切的关系，因为文字是具有符号属性的。作为品牌的文字，在听觉和视觉上都会具有一定的认知度，是具有形象记忆特征的标志性文字形象，是容易被识别的平面设计元素。在表达方式上，需要参照品牌图形的一些特点。

3）寓意性图形

这类图形不是直接的产品形象，而是利用对产品具有隐喻性、象征性的图形语言，间接地传递产品的品质追求。这类图形的选用有可能面临风险，消费者的认可度在创意、设计时，是处于预测状态下的，因此，需要进行一定的市场调

图5-17　　图5-18

图5-17瓶签的图形用象征手法表现出餐桌一角的景象，将产品的用途生动地、艺术化地体现出来，图形的寓意性较强。图5-18中酒瓶上的装饰图形既非产品形象，也非产品原料形象，而是通过装饰性植物形象表达美好寓意。

查，才能做出相对准确的选择。

选择寓意性图形的包装设计，一般是针对很难利用实物图形进行表现的产品。也有一些包装设计试图摆脱常见的实物表现手法，而选择寓意性图形进行大胆突破，进行新的形式语言尝试。

寓意性图形的选择余地较大、表现形式丰富、含义深远，这也是一些包装在设计时选择该类图形表达产品形象的原因之一。

3．图形与表达方式

无论采用什么样的图形表达方式，绝不能忘却对于装饰效果的追求，这是包装能够吸引消费者注意，同时满足消费者审美追求的必要条件。而过多的表达方式是对于装饰效果追求的误区，因为过多的表达方式所显现的信息杂乱感，很可能掩盖设计初衷，背离销售目标。在图形设计的表达中，上述原则是最基本的要求。

（1）直接明确型

直接地表现图形，没有其他的陪衬物以及环境衬托，形式语言简洁、鲜明，产品信息传递明确，不担心产生歧义，也不试图引发其他不必要的联想。

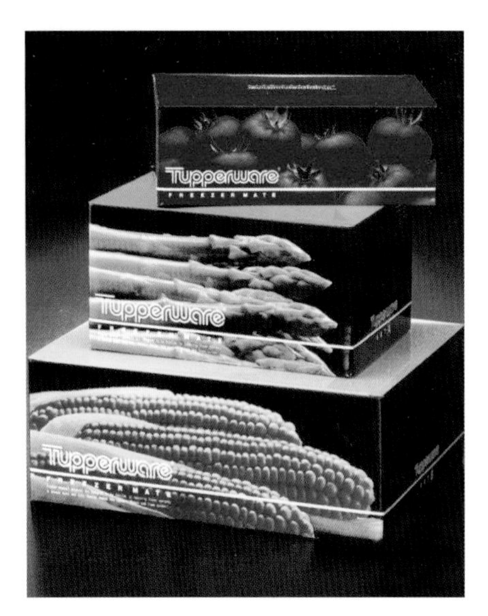

图5-19

图5-20

图5-19中包装盒的背景只是单纯的黑色，将色彩艳丽精美的产品形象强烈地凸显出来，这种对比手法的使用，既单纯也大胆，视觉吸引力是显而易见的。

在易拉罐的饮品包装中，图5-20所示的图形内容以及表现手法显得非常大胆，这种极具视觉感召力的图形，对同类型其他产品是具有明显的冲击力的。

（2）对比反衬型

通过色彩、面积、大小、形象差异等可以形成对比的表现角度，凸显主体图形，通过衬托的表达方式引发消费者的注意，形成主观的视觉重点，让视线不断地流连于此，从而达成引导消费的意图。

（3）大胆夸张型

这是属于超越真实的表达方式。使用非常态的图形样式，展现具有视觉引力的特殊图形语言，在吸引消费者注意的同时，博得消费者的另眼相待，激发消费者的拥有冲动。

（4）比喻象征型

这是借物喻物、由此及彼的间接表达方式，让消费者发挥自己的想象，通过触及消费者某种心理感受来赢得消费行为。如由花朵联想至幸福、天真，由绿色联想至春天、森林，由视觉效果联想至触觉感受等。这种比喻、象征的手法，对于那些很难直接表达其形象的产品包装，具有

图5-21

图5-22

图5-21所示的是纯麦芽威士忌酒的包装，由于采用了瓷质容器，图形也极具东方色彩，通过竹、虎的形象表现某种文化倾向。图5-22是一款刀具的包装，包装盒上突出的虎皮纹样属于借虎寓刀的象征性图形，并非是对于产品的直接表述。图5-23中使用的图形更加抽象，象征的意味需要通过包装造型的整体效果来体会，优雅感、现代感十分明显。

无法替代的优越性。

4．图形禁忌

同色彩一样，图形也是会因地区或民族习惯而存有一定的禁忌，在设计时应给予关注。例如，印度人最忌讳的是棕榈树和报晓的雄鸡；在埃及，莲花和鳄鱼是作为埃及图腾的，被看成是神圣不可侵犯的东西，这是埃及流传至今的古老传统。

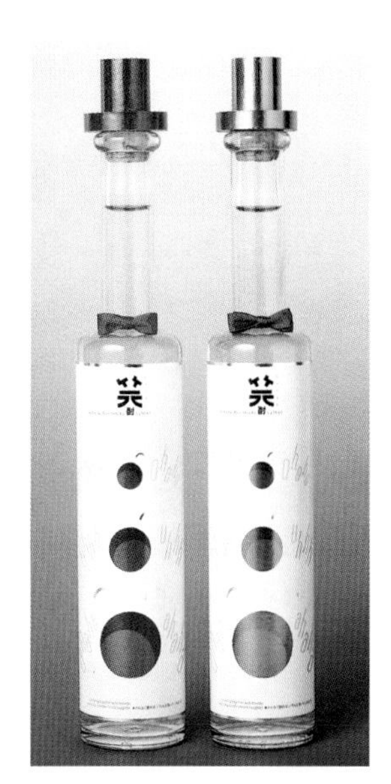
图5-23

四、文字元素的表达

1. 文字的第三视觉特性

文字的阅读是在对该包装感兴趣之后，对于该商品具有了解兴趣之时才有可能开始的。它是在对色彩、图形的阅读完成后才可能进行的，这就是所谓的第三视觉特性。

由于文字元素在视觉关注顺序上比较靠后，因此整个包装的设计风格不可能依赖文字的形式特征来凸显，除非文字是作为图形语言进行表现的。文字的设计需要顾及色彩、图形的形式追求，在字体的选用、排列等方面，需要满足其他两个元素所确立的风格特征。

文字虽说是在视觉顺序上排列靠后，但开始阅读文字时，也就建立起了购买与否的基础。此时，文字内容的准确性、精练性、全面性、易读性就显得至关重要了。在包装设计中将说明性文字在位置、大小、色彩、形状的处理上提升舒适度，会对阅读效果有所帮助。

2. 文字表现准确化

包装中的文字是正确传递产品信息的载体，文字表现必须准确化。

包装中所涉及的文字内容较复杂，包括用于解释产品品牌、使用方式、构成比例、质量等级、容量分量等有关产品信息的各种内容。

文字的准确化表现，一方面要做到将所有内容正确表现，另一方面要注重文字排列的条理性。通过有效的层次处理、区域分隔、样式变化，将不同的信息区别化地传递出来，让阅读有序，使重点突出。

3. 品名文字装饰化

品名是重要的文字信息，通过图形化等装饰性处理，可以增加视觉度，提升吸引力，引发阅读兴趣，被快速识别，并容易形成记忆。

在一些日本的包装作品中，使用中国书法形式表现产品品名，通过极有韵味的字体编排，使得包装的形式具有很强的东方文化气息。这种表现手法成为品名装饰化的一个特殊样式，在包装的装饰语言中独树一帜。

图5-24

虽说文字的视觉顺序比较靠后，但如果将文字进行加强性地表现，激发了文字的图形特征之后，文字的视觉顺序也可以被提升，所形成的记忆度伴随着文字特有的解释力将会更加深刻。图5-24就是一款文字运用很成功的包装设计作品，六个一组的组合设计，将THANKS分别置于不同的酒瓶上所传递的展示效果非常特别，极易引发共鸣。

图5-25

文字的阅读性特点导致在文字的表现上要注重条理化。感性文字和理性文字要区别对待，在图5-25中品牌文字作为感性文字表现得较大、较明显，加强其图形印象。成分说明等文字对于需求者来讲是必读的信息，可以表现得较小、较密。

图5-26

在一些日本的包装作品中，使用中国书法形式表现产品品名，成为一种汉字装饰的特殊样式，加上极有韵味的字体与图形关系的编排，将汉字之美表现得很独特。图5-26就是一个这方面的案例。

品名装饰化的手法很多，但在设计中应注意将识别性作为重要的前提。识别性低的字体设计，会对阅读造成困扰，甚至引发不必要的误会，影响销售效果。

4. 文字表现趋同化在同一个包装中，文字的字体选用不能过多，过多的变化会破坏统一感、协调性，会显得杂乱。

字形的选用要符合包装的整体风格，不能片面地突出文字的形式感。

字体的设计要传递产品的特点，如在食品包装中选用柔润的字形、工具包装中选用硬度感较强的字形，这种设计形式，可以促使在阅读的过程中进一步传递产品特性。

五、编排形式的表达

1. 产品的针对性

编排的形式应针对产品特性、包装样式，寻求具有较高吻合度的表达方式。

例如在化妆品的包装中，其视觉元素的编排应体现协调性，尽量避免过强的对比手法，同时可通过留出空白的方法，表现洁净感和优雅感。

在食品的包装中，可通过多层次、丰富的编排形式，强调浓郁的味道，传递愉悦的心情。

在高品质的包装中，注重编排语言的品位追求，让编排的每一个细枝末节都尽显产品的质量和独特魅力。

在儿童用品的包装中，通过多变的色彩、欢快的造型、活泼的组合，将动感作为视觉传递主体，强烈地诱惑着视觉的关注。

2. 主题的突出性

在包装设计中主题始终是被追随的表现重点，主题的突出表现可以充分传递包装设计的目的。

如果品牌是表现的主题，在图5-29中利用黄色衬托品牌图形，整个包装袋中只有这样一个视觉元素，突出的方法虽然简单，但效果是直接有效的。

除了以单纯的环境进行主题突出外，为其增加对比性较强的背景或增大主题内容的面积都是常用的手法，如图5-30、31所示。也可以通过装饰风格将主题进行突出和阐释，如图5-27、28所示。

图5-27

图5-27中简洁至极的装饰语言与独特的纸盒造型相映成趣，明确地表达出对于品牌的自信心和冷傲的气质特点。

图5-28

图5-28与图5-27在编排风格的追求上具有非常大的差距，极尽装饰之能事，那些充满了民族气息的色彩和纹样，传递出极具特色的温馨气息。

图5-29

图5-30

在包装中直接突出品牌图形，在强烈的色彩和形式对比下，非常明确地突出了主题。这种手法看似简单且个性表现不足，但却战无不胜，非常有效。当然，品牌图形的形式美感高低对包装品质有直接影响。

使主题在纷杂的信息环境中被衬托出来，常用的手法之一是为其增加一些装饰的形式。图5-30中品牌名的黑底色装饰造型，将其与其他视觉元素分出了明显的层次，非常突出。

在图5-31这组包装中花朵成为最显著的视觉形象的原因，是因为鲜艳的色彩和其占据较大面积所至。即使是将黑色的字体压在花朵上，这些线形的结构也挡不住颜色鲜艳的、大面积的图形所形成的视觉冲击力。

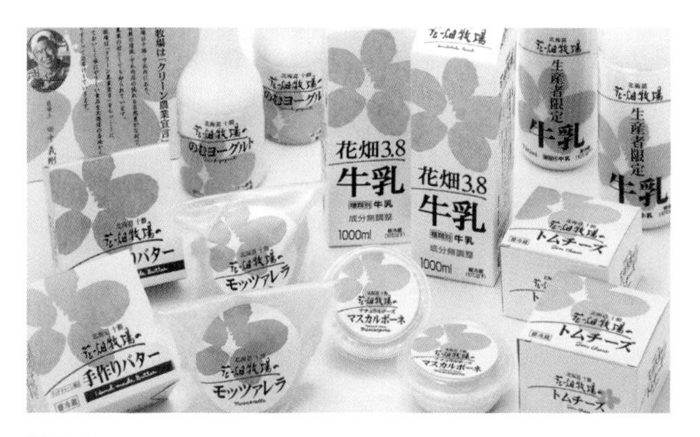

图5-31

图5-32

图5-33

层次的有序性表现在编排次序被设计得很明确，在编排处理中这些被事先安排好的视觉流程，自然地展现出来。图5-32所示的瓶签设计中，所有元素被整齐有序地排列着，图形的对比度明显强于其他元素，因此十分突出，而较多的文字被分隔在不同的区域以形成阅读的层次。

在图5-33这个包装中，通过饱和度较高的色彩营造出浓郁、香甜的味道，除此之外，色彩变化所形成的对比关系将阅读层次进行了分离。

3. 层次的有序性

编排设计包含的最重要的逻辑关系，就是层次的关系，层次关系解决的是合理的阅读次序。在设计中不同的视觉元素间的分量不能平均对待，相同元素间的分量也需要根据实际情况进行适度区别。例如，品牌字体与其他阅读文字的字体间应有一定的大小、形状等区别；图形与文字间的阅读先后要通过一定的手段分出层次，以突出重点。

一般情况下，人们的阅读是有自然的视觉流程的，如从上到下、从左到右等。但经过特别的引导设计后，浏览顺序会随之改变。

通过大小区别法、面积区别法、色彩区别法、形状区别法以及内容区别法等单独使用或混合使用，使层次表现得以实现。

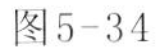
图5-34

图5-35

图5-34的腹签中那似乎随意的文字和图形构成，在封口签上被继续延用，保证了在同一个造型中编排语言的整体性效果，同时在系列产品的关联上除了上述特点进一步保持外，色彩在色相变化的同时，保持纯度和明度上的一致性。

图5-35所示的是一组多层包装，包含了玻璃材质的个装和纸盒内装，造型以及材料不同，设计区域也有区别，编排语言的运用相对会有所变化。品牌图形突出效果一致，其他内容的比例和位置灵活表现，并保持一致风格，产品形象统一。

4．表现的整体性

编排的整体性表现在单体造型中编排语言自身的协调上，表现在系列包装中编排语言的关联上，表现在对于品牌印象、包装主题的强调上。

在同一个包装造型或系列包装造型中，由于设计区域甚至材料都会有所不同，编排设计应该注意寻找元素排列关系的特点、表现手法的特点以及需要共同突出的信息等进行统一表现，同时也要寻求系列设计的关联方法和变化角度，保证单体造型自身和系列造型相互间形成整体、一致的效果。例如，系列色彩在色相变化的同时，纯度或明度一致；将品牌或主体的装饰图形以类似比例和位置进行表现；字体的选用风格一致；排列的疏密程度和样式保持一致；统一使用某种纹饰或装饰手法等。

图5-36

图5-37

图5-36中将瓶子的封口签特意地拉长，从而改变了常见的编排区域样式，整个包装在形式追求上从这么一点点地拉长中获得了提升。

图5-37打破主展面的常见格局，将品牌文字分置在两个面中，这在纸盒包装中是十分少见的编排形式。将纸盒棱对着消费者，展示性并没有被破坏，十分巧妙。

5．形式的突破性

前面介绍的一些编排技巧是保证包装中编排设计语言能够达成基本的视觉目标，是使包装设计在销售环节能够被识别、被认同的基本手段。而编排形式的突破则是形成独特韵味，造成视觉冲击力或吸引力的一个重要的表现角度，是在秩序中进行适当突破的一种表现手段，而非空中楼阁、自我陶醉式的臆想作品。编排形式的突破可以借助以下一些角度展开：

（1）编排区域的突破

在常见的编排区域的样式上或使用习惯上进行突破表现，如改变常见编排区域的形式——圆变方、短变长等；跨越平面区域，同一阅读元素被分置在不同的面中形成别致的样式等。

图5-38

图5-39

图5-40

个性的瓶形和变化丰富的装饰语言使图5-38中的包装具有了独特的韵味，其似乎无序的编排层次具有明显的前卫风格。对于目标消费者来讲，寻找产品归属的兴趣很容易被调动。图5-39中产品性质的说明文字重复组合处理后成为装饰纹样，在手法的突破上显得很生动。

（2）编排手法的突破

编排手法的突破可以从图形、色彩、字体这些基本元素的表达样式入手，在主题的限定下广泛地猎取民间的、民族的、传统的、流行的、时尚的等设计风格为我所用，尤其应注重综合性、创新性的利用，从而形成独有的新手法。

（3）利用造型的突破

由于一些包装造型本身就具有独特的、突破性的样式，编排语言很自然地会随之展现具有个性的构成风格。然而在普通的常见造型中，寻找表现的突破就会更具挑战性。图5-40所示的灯泡包装中，设计者巧妙利用白色渐变表现光照感，并利用包装盒边角位置使这个特殊的图形更好地发挥了作用，效果十分显著。

小结

请注意回顾以下一些重点内容，这些内容对于学习包装设计至关重要。

同时，依照下列思考题的内容进行简要回答，并根据实践题的要求展开包装设计的造型工作。

本章重点

1. 编排元素的表达技巧。

2. 编排形式的表达技巧。

思考题

1. 编排元素的视觉顺序是怎样的？

2. 编排形式的表达技巧中哪些是最基本的追求？

实践题——包装中的平面设计

请依照下列步骤，并参照图5-41至图5-77的作业案例，在已经确认包装造型的前提下，在包装主题的目标引导下，展开包装平面视觉设计方案的探索：

1. 了解并获得所有的、必需的平面视觉信息，为视觉信息安排阅读的顺序，以便确认设计中需要突出的主体信息。

2. 根据品牌和产品特点，从色彩试验入手，先确认色调方向，以确保主题风格及情感的准确表达。

3. 理解品牌等重要设计要素的图形样式和风格，设计出与其相匹配的装饰性图形，并通过比较确认图形的表现手法。

4. 选择或设计专门的字体用于该包装。

5. 确定设计区域，按照层次需要为视觉元素安排设计位置，探索最有价值的编排形式。

图5-41

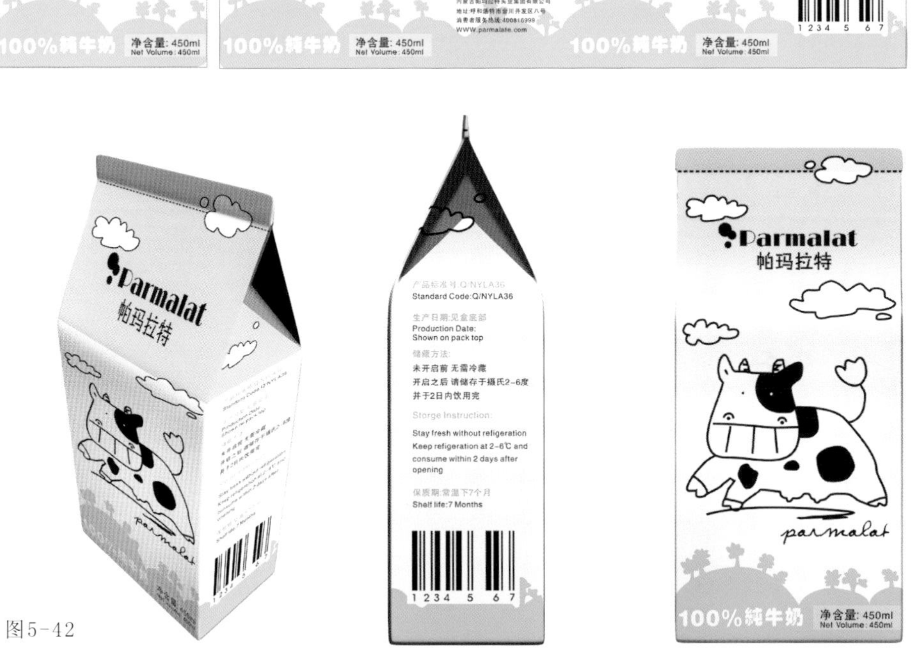

图5-42

包装的平面信息必须与包装造型结构进行配合，图5-41中各种信息的分布与图5-42中的造型结构密不可分。

图5-43

图5-44

图5-45

在有了初步的设计意图后，应尽早地进行色彩方案选定，以确保主题风格及情感能够准确表达。系列包装设计如果需要通过色彩进行区分时，需要寻找色彩的关联角度。

图5-46

图5-47

图5-48

图5-49　图5-50　图5-51　图5-52　图5-53

容器造型的标签设计可以从标签的位置、大小等角度开始，再进行平面信息的设计和布局。可以通过模拟的质感环境体会标签的设计效果。

图5-54　图5-55　图5-56　图5-57

标签除了位置、大小方面可以变化外，在形状上也可尝试不同的样式。图5-54至图5-57就在瓶签的形状上进行了大胆的尝试。这个设计方案是在真实的玻璃瓶上表现的，效果非常直观。

图5-58

图5-59

图5-60

图5-61

图5-62

图5-63

图5-64

在包装中适当地增加装饰图形，可以有效地提升视觉吸引力和识别度。三幅图中绘制简洁概括的人物头像，将产品的适用人群明确地进行了区分。

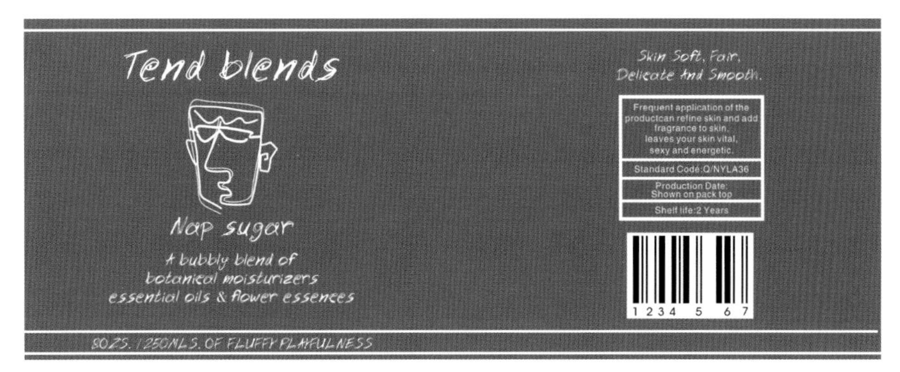

图5-65

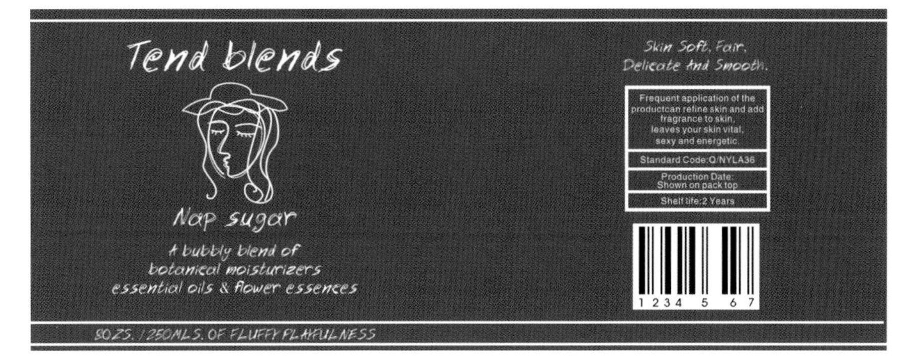

图5-66

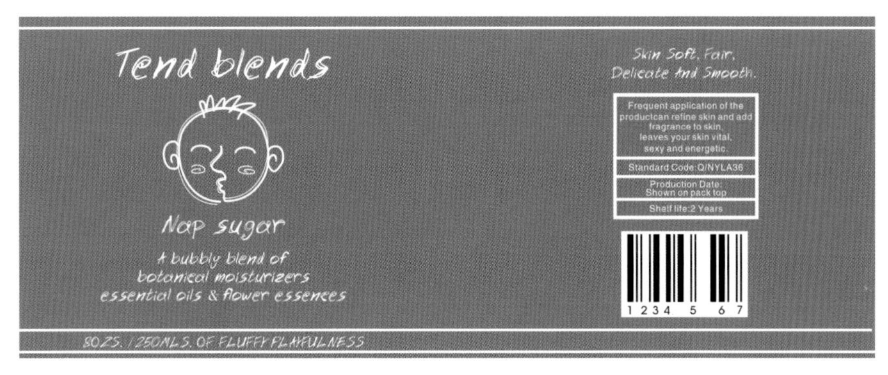

图5-67

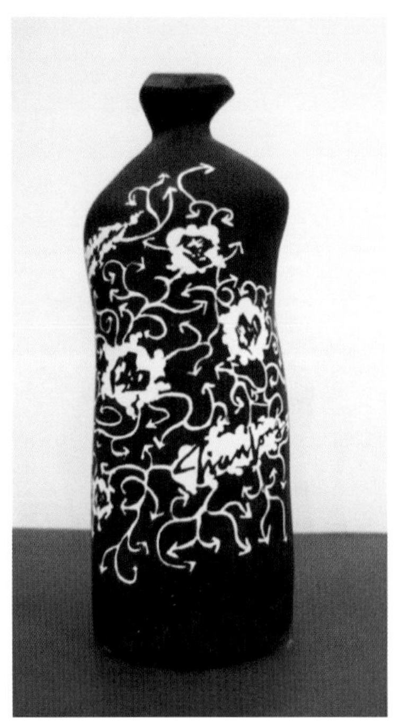

图5-68

图5-69

图5-70

图5-68至图5-73是一组使用石膏制作的包装造型。这组包装造型并没有明确的包装对象，其主题是追求自由的表达。从图中可以看到造型、装饰纹样和绘制手法的自由性样式。这组包装是从包装概念出发，但不囿于包装形态和内容的包装设计尝试。在包装设计课程中可以适当地给出这样的训练机会，对激活学生的创作灵感、获得更加新颖的包装设计作品很有帮助。

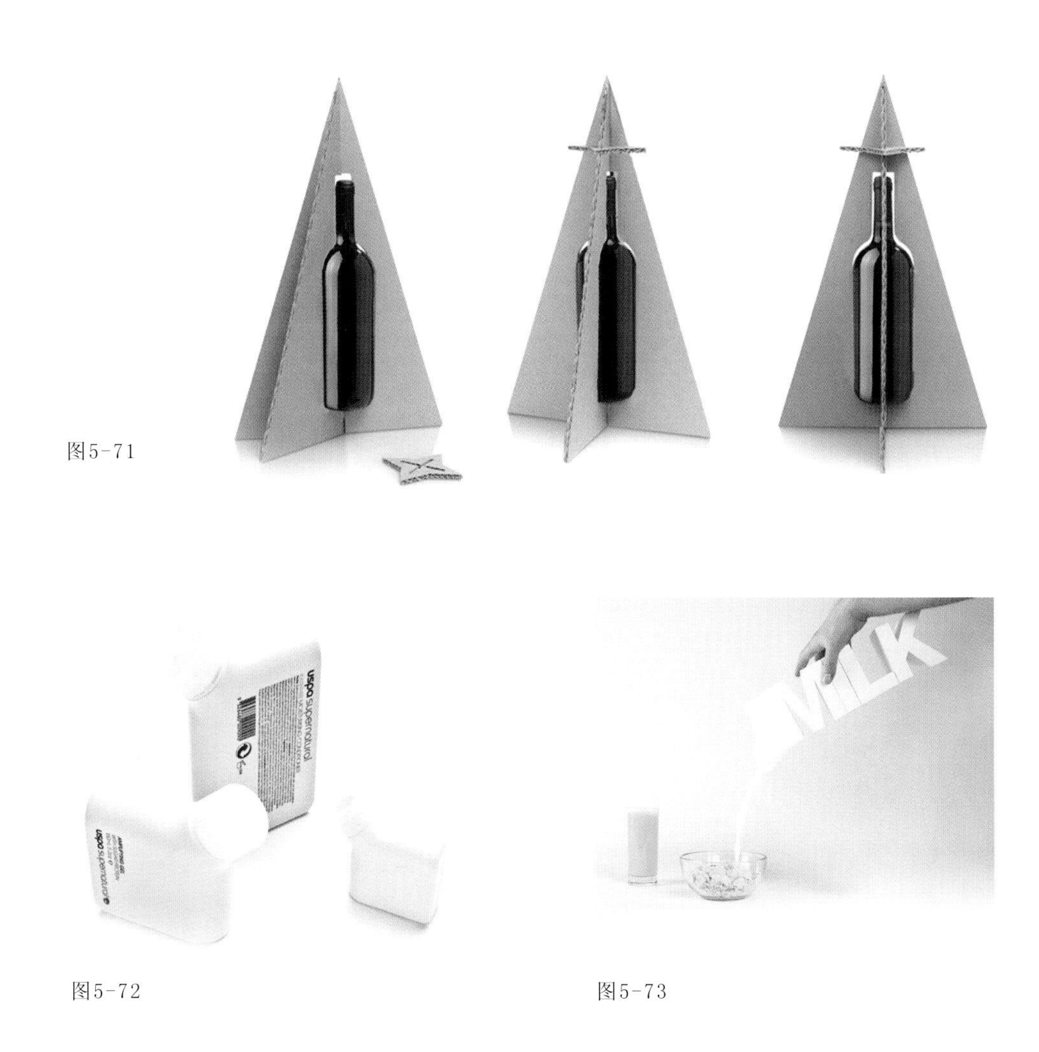

图5-71

图5-72

图5-73

图5-71至图5-73是在包装结构上有突破的一些方案。在包装设计的训练中，结构的训练既是重点又是难点，可以通过学习和参考优秀的案例进行经验积累。

图5-74

图5-75

图5-76

图5-77

购买一些商品实物，借助实物进行包装设计，可以非常贴近现实生活的需要。将完成后的包装设计作品再放回到商业环境中，可以通过货架检验自己的作品是否具有竞争力。这也是包装设计课程训练的方法之一。

引子

第一章
包装设计概论

第二章
包装与行销

第三章
包装设计全流程

第四章
包装造型与材料设计技巧

第五章
包装设计的视觉传达技巧

第六章
包装设计与表现

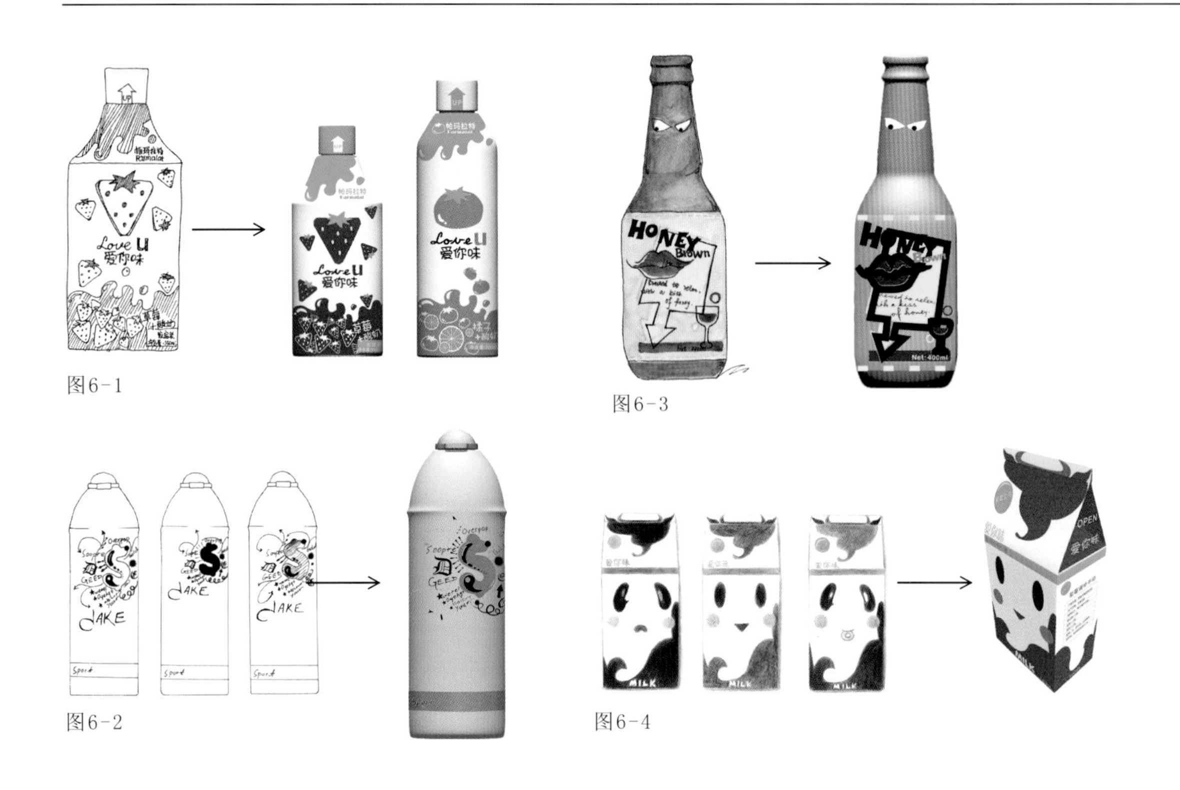

图6-1

图6-2

图6-3

图6-4

一、意图表达

传递设计方案的意图，需要以各种手工绘制或计算机处理的手法进行表现，这些表现手法有繁有简，不同的手法承担着不同阶段的设计意图表达任务。意图表达主要依靠效果图的绘制来体现，效果图是图纸化的效果表达，与真实的效果，尤其是尺寸、材料质感和握持感等方面有一定距离。通过效果图表现，只是将大体的设计方向和效果进行呈现而已。

1．单色手绘

使用铅笔、钢笔、单色彩笔等单色绘制工具，对包装结构、装饰方案的初步设想进行简单描绘，将头脑中包装意图的大致样式视觉化，包括包装的造型结构和平面要素布局等内容的处理思路，为后续流程的具体化表现奠定基础。

2．彩色手绘

使用水彩笔、彩色铅笔等多色绘制工具，对

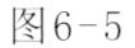

图6-5

图6-6

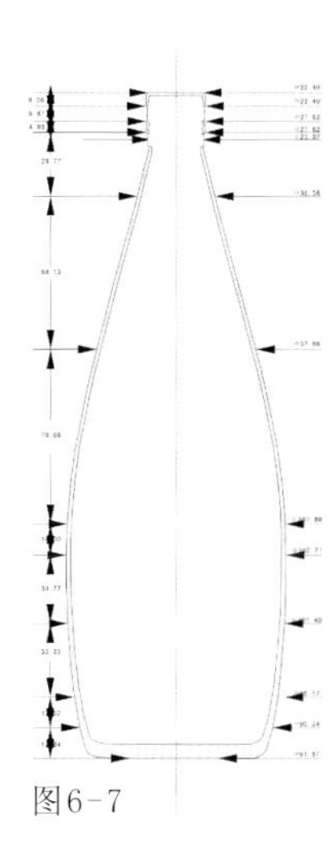

图6-7

图6-1和图6-2为钢笔手绘单色草图，绘制出了大致的包装造型和平面布局效果。图6-3和图6-4为彩色手绘效果图，除了表现包装造型和平面布局外，色彩关系也可以反映出来。图6-5为计算机平面模拟的效果图，造型样式和平面信息的精确度都较高。图6-6是计算机简单模拟效果的案例，制作一些阴影后呈现出简单的立体效果。图6-7是利用计算机程序对容器造型进行精确制图的案例。

包装方案的初步设想进行模拟表现，不仅可以将包装造型和结构进行表现，还可以将色彩关系等更具体的设计意图视觉化，可以促成对于包装设计大方向的认定。

3. 计算机平面模拟

借助计算机应用程序平面化地表现设计意图，将包装的图形、色彩、文字等要素与造型的关系进行具体化表现，由于许多细节效果相对精确，可以对确认方案起到积极作用。

4. 计算机简单效果模拟

利用计算机应用程序模拟表现包装的造型结构及印刷效果，使设计意图表现得更准确、细致，更加接近真实感，很容易促成对于设计方案的认定。

5. 计算机三维效果模拟

利用计算机的三维应用程序，可以相当逼真地模拟表现包装造型、质感以及各种角度的变化效果，将设计意图几乎接近真实地、全方位地进行表现，对于设计方案的确认非常有效，是最接近实物效果的图纸化表现方法。

6. 计算机正式稿

通过计算机应用程序，完成包装的平面制图等精致化工作。

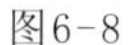
图6-8

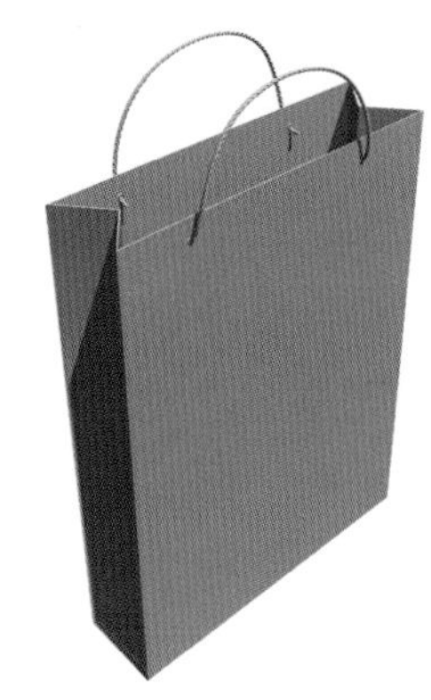

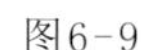
图6-9

图6-10

图6-8是一个打印稿基础上的包装模拟造型，可以从中看出大的包装效果，但材质、色彩会与真实的效果有一些距离。

图6-9和图6-10都是在计算机三维应用程序中制作的纸袋造型效果图。

二、样品表达

为了将设计意图以最接近真实的效果制作出来，需要借助打印、打样、模型制作等手法，可以帮助确认方案。

1．打印、打样

需要进行印刷的包装设计方案，在平面设计的内容完成后，采用彩色喷墨打印、激光打印可以模拟印刷效果，在色彩和质感上可能会与真实的印刷效果有所差距，但细致程度会比较接近。

如果要求样品与最终的印刷效果从各个方面都尽可能一致，需要采用量产时的纸张，并通过专业的印刷打样机制作打样稿，以此保证样品与量产时的效果最接近。

2．模型

模型是最接近立体造型样式的造型处理方式。通过模型的制作，可以模拟立体造型的实际尺寸、握持感、体量感、质感等造型实感效果。

（1）实物模型

1）计算机三维模型

计算机三维模型可以模拟包装造型的质感以及各种角度的变化效果，但缺乏实体感，可以在制作实体之前起到确认制作的各种细节的作用。

2）石膏模型

石膏是最容易加工和最廉价的模型材料之一，石膏和水以1:1.5左右的比例调制后充分混

图6-11

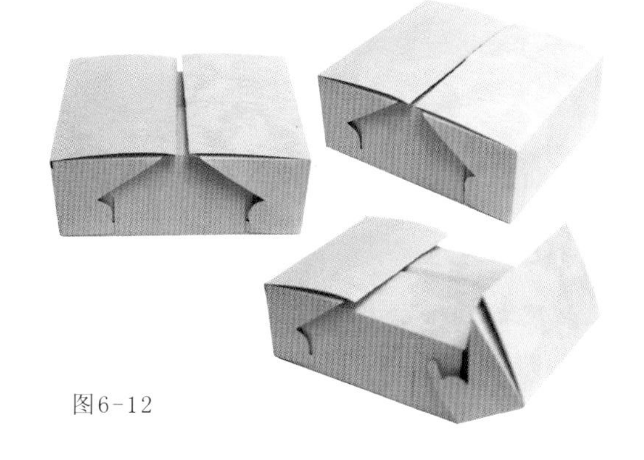

图6-12

石膏模型制作完成后，可以采用喷漆等手段改变石膏的色彩，并通过一定的处理手法达成某种质感效果。图6-11为喷漆后的石膏模型效果。

图6-12是按照实际尺寸完成的纸盒模型。通过折制测试造型及结构的合理性、牢固性、抗压性、锁（扣）效果等性能。

合，倒入模具中成型，石膏固定后可以使用旋制或纯手工雕刻等方法完成塑造。造型完成后，用砂纸打磨至光洁，再通过绘制或喷漆等手段改变其色彩、质感等。

3）纸制模型

使用生产时采用的纸张，按照实际尺寸制作纸盒或其他纸造型，模拟纸质包装造型的最终效果，并测试其牢固度、开启效果、抗压能力等性能。

4）其他材料模型

除了石膏外，可以制作模型的材料还有木材、复合泥、亚克力等。

3. 实物样品

（1）容器样品

在模拟造型被确认后，根据需要制作真实的样品。在专门的模具制作公司根据模型制作容器造型模具，然后在容器制作公司制作容器样品。通过各种测试后，才可能获准进行量产。

（2）手样

手样（Hand Sample）是指与生产时完全一致的纸质包装样品，包括在纸材、印刷工艺、裁切折痕工艺、特殊工艺等环节完全一样的情况下所制作的样品。

图6-13

图6-14

图6-15

图6-13和图6-14都是铝罐包装。这种造型一般是由自动化的机械设备通过模压成型的。在完成了盛装流程后，再通过模压完成封装工艺。

图6-15是使用了多种材料制成的容器造型。这个装饰复杂的容器包含了多种工艺手段，其表面的装饰造型如果是大批量生产，就需要通过模塑来完成。

三、包装与工艺

包装设计是一个艺术与技术结合的工作，包含了材料学、结构学、印制工艺、封装工艺、造型艺术等诸多知识领域。在包装设计方案、样品、模型试验等工作完成之后，便进入到了包装制作的环节，根据包装设计的各项要求，可能牵扯的包装工艺包括以下一些方面。

1．塑造工艺

玻璃、金属、塑胶、陶瓷等材料的包装造型都需要通过塑造来完成造型的结构和样式。塑造方法包括吹制、压制、模塑、拉坯等，玻璃和塑胶既可以通过吹制成型，也可以通过模塑成型；金属可以通过冷冲压、热冲压以及模塑、模压成型；陶瓷可以通过模塑，也可以通过手工拉坯成型。

2．封合工艺

包装容器、包装袋、包装盒等为了满足保护的功能，在完成了盛装流程后，绝大多数包装都需要进行封装，如容器需要封盖、塑胶袋需要封

图6-16

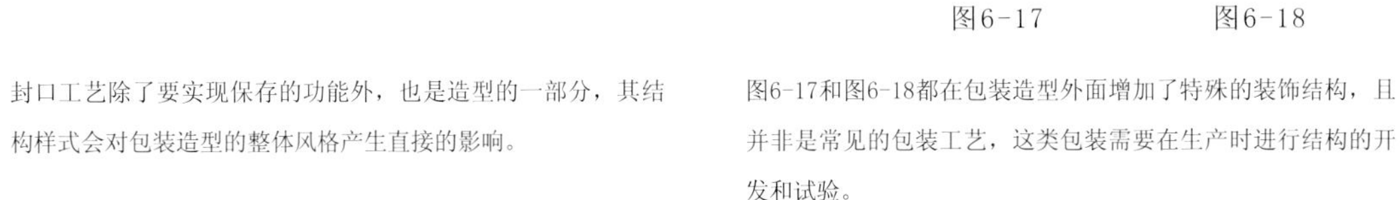

图6-17

图6-18

封口工艺除了要实现保存的功能外，也是造型的一部分，其结构样式会对包装造型的整体风格产生直接的影响。

图6-17和图6-18都在包装造型外面增加了特殊的装饰结构，且并非是常见的包装工艺，这类包装需要在生产时进行结构的开发和试验。

口等。由于封装的保护目标不同，封装工艺也有很大差别，如液体可能需要防止泼洒、外溢以及挥发等，固体需要防潮、防霉变等，另外还要考虑防盗等方面的因素。

3．印刷工艺

在包装的工艺中，印刷是最为重要的工艺之一，无论是纸制包装还是塑胶包装，即使是玻璃、金属、塑胶等容器包装，都离不开印刷工艺这一环节。由于材料不同，牵扯到的工艺包括：纸面印刷、塑胶印刷、丝网印刷、热转移等各种常见印刷工艺和特种印刷工艺。

4．特种工艺

在包装设计中，由于一些方案会有着特殊效果的追求，在生产时就有可能出现特种材料的运用或使用多种材料进行复合包装，这时，包装工艺就会呈现新的、超出常规的需求，必须借助其他的工艺环节通过开发和试验来完成，成本也会随之增高。

图6-19

图6-19是一组极具怀旧味道的包装设计作品，从色调、装饰手法、元素布局、包装造型及材料等各个方面尽显中世纪风情。

四、设计风格追求

在包装设计中，对于风格的把握往往是在对文化内涵的追求中实现的，了解现实社会中常见风格的语言特点，对于传递特定情感有着重要的作用。

1．民族主义包装风格

民族主义风格重视本土文化的传承，在包装设计中，通过摘取本土化的视觉元素或铺设民族性的形式韵味，在准确传递产品信息的同时，将民族文化进行弘扬，同时也借助民族特色传递具有个性化的形式。

若通过包装造型、材料或装饰语言，便能够判断出这是出自哪个地区或国家的商品时，它的民族风格表现基本上是准确的甚至成功的。

民族主义风格的包装形式，在旅游产品的包装设计中非常具有号召力，很受游客欢迎。对于出口型产品的包装，适当地采用民族化风格，也可以引发视觉关注。

2．传统主义包装风格

传统主义包装风格，借助流传已久的装饰纹

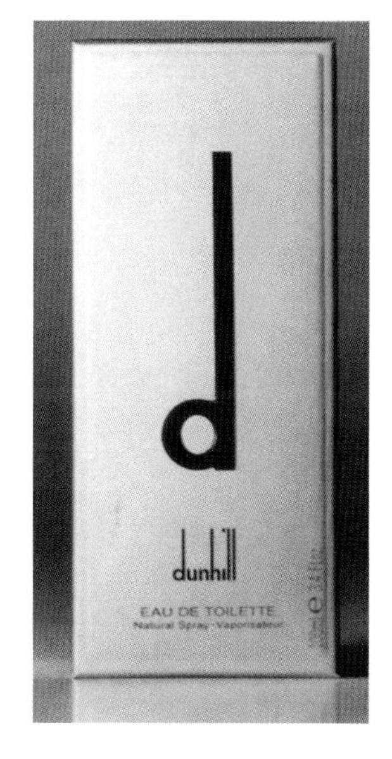

图6-20

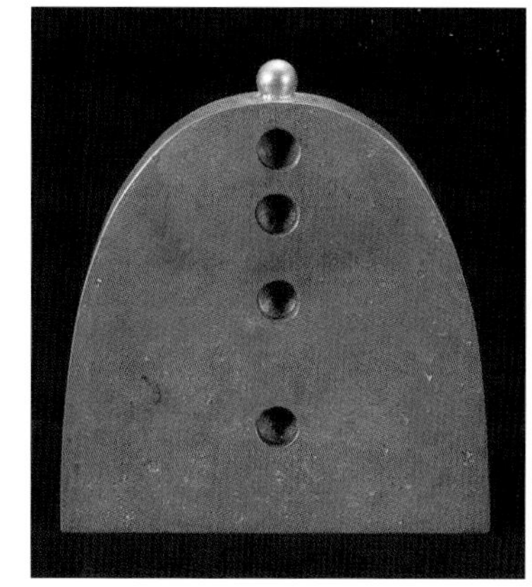

图6-21

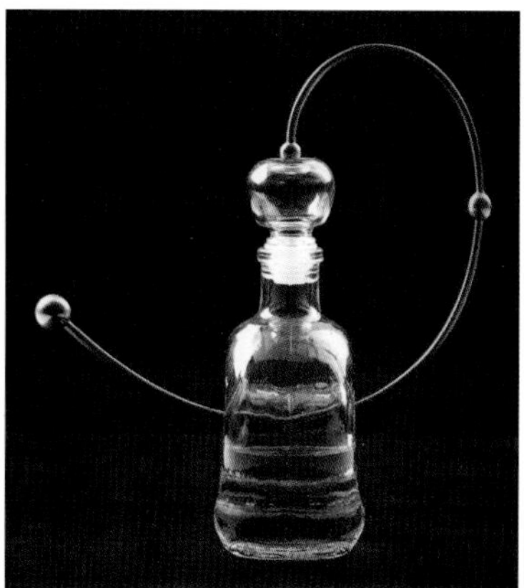

图6-22

图6-20是一款典型的现代主义风格的作品，除了品牌图形和品牌文字，包装盒上几乎没有其他装饰。图6-21和图6-22中的包装造型非常夸张，从结构上对传统的包装造型进行了大胆的挑战。

样、构图手法、材料以及造型，包装现代商品或传统商品，通过包装传递历史及文化传承的主张，在包装中体现怀旧情绪和对现代包装风格的反叛。

3. 现代主义包装风格

现代主义追求“少即是多”的信条，在设计中寻求简洁化的形式语言，摒弃繁琐的装饰以及无谓的信息。包装的造型结构简洁、利落，平面的设计语言精练、洁净，对于突出主要信息很有帮助。外表看起来轻松、收敛、脱俗、不思张扬。

4. 后现代主义包装风格

后现代主义崇尚“多元共存”的美学观，在包装设计中呈现出无序性、多元性、模糊性的特征，形式上趋于更富人情味、更具个性化，以及具有怀旧感的、不吝装饰的特性。

后现代主义的包装设计方法非常多样，在造型处理中使用变形、挤压、叠置、重组、附加处理等手法来体现文化内涵，敢于突破，勇于创新，甚至走向超越商品包装本意的概念性包装，冲击着传统造型理念和审美观念，为包装设计提供了全新的视觉冲击。

小结

请注意回顾以下一些重点内容，这些内容对于学习包装设计至关重要。

本节中的实践内容已穿插在第三、四、五章中。

本章重点

1. 包装设计意图表达的方式和手法。

2. 包装设计样品表达的方式。

鸣谢——在本教程的编写过程中，王晓颖、冯帆、师涛、李青、韩亮、王静、杜燕、刘玉娟、陈达博等同学完成了大量的素材整理和设计工作，为本教程增加了不少闪光的内容，在此深表谢意。

参考资料

龙冬阳 著．商业包装设计．柠檬黄文化事业有限公司．1983年9月

杨宗魁 编著．包装造型设计．中国青年出版社．1998年8月

[日]日报编．最佳日本包装3．世界图书出版公司．2000年12月

[日]内滕久幹 主编．日本包装百例．湖北美术出版社．2001年2月

[日]日本包装设计协会 编．刘晓芳 杨轶 译．日本包装设计精粹．中国轻工业出版社．2001年6月

[澳]斯达福德•科里夫 著．世界经典设计50例——产品包装．上海文艺出版社．2001年11月

[澳]爱德华•丹尼森 [英]理查德•考索雷 著．包装纸型设计．上海人民美术出版社．2003年8月

萧多皆 编著．纸盒包装设计指南．辽宁美术出版社．2003年9月

[日]日报出版株式会社 编．最佳日本包装5．湖南美术出版社．2005年3月

[美]斯黛茜•金•高登 著．包装再设计．上海人民美术出版社．2006年1月

陈磊 编著．包装设计．中国青年出版社．2006年7月

http://www.creattica.com

http://www.thedieline.com

http://www.packagingserved.com